KB095415

기적의 계산법

예비초등 4권

1 생활 속 계산으로 수, 연산과 친해지기

아이들은 아직 논리적, 추상적 사고가 발달하지 않았기 때문에 직관적인 범위를 벗어나는 수에 관한 문제나 추상적인 기호로 표현된 수식은 이해하기 힘듭니다. 아이들에게 수식은 하나하나 해석이 필요한 외계어일뿐입니다. 일상생활에서 쉽게 접할 수 있는 과자나 장난감 등을 이용해 보세요. 이때 늘어나고 줄어드는 수량의 변화를 덧셈, 뺄셈으로 나타낸다는 것을 함께 알려 주세요. 구체적인 상황을 수식으로 연결짓는 훈련을 하면 아이들이 쉽게 수식을 이해할 수 있습니다.

▶ 생활 속 수학 경험

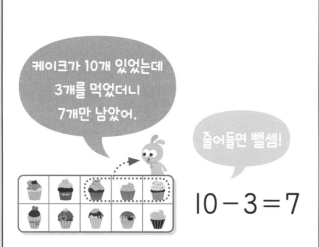

케이크가 10개 있었는데 3개를 먹었더니 7개만 남았어.

줄어들면 뺄셈!

$10 - 3 = 7$

수학자신감

2 스스로 조작하며 연산 원리 이해하기

말로 연산 원리를 설명하지 마세요. 아이들은 장황한 설명보다 직접 눈으로 보고, 손으로 만지는 경험을 통해 원리를 더 쉽게 깨닫습니다.

덧셈과 뺄셈의 원리를 아이들이 이해하기 쉽게 시각화한 수식 모델로 보여 주면 엄마가 말로 설명하지 않아도 스스로 연산 원리를 깨칠 수 있습니다.

수식을 보고 직접 손가락을 꼽으면서 세어 보거나 스티커나 과자 등의 구체물을 모으고 가르는 조작 활동은 연산 원리를 익히는 과정이므로 충분히 연습하는 것이 좋습니다.

▶ 연산 시각화 학습법

| 1단계 손가락 모델 | ➡ | 2단계 기호가 있는 수식 |

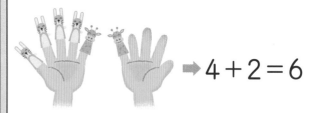

➡ $4 + 2 = 6$

손가락 인형 4개와 2개는 모두 6개!

4 더하기 2는 6!

수학자신감

초등학교 1학년 수학 내용의 80%는 수와 연산입니다.
연산 준비가 예비초등 수학의 핵심이죠.
입학 준비를 위한 효과적인 연산 공부 방법을 알려 드릴게요.

3 반복연습으로 수식 계산에 익숙해지기

아이가 한 번에 완벽히 이해했을 것이라고 생각하면 안 됩니다. 당장은 이해한 것 같겠지만 돌아서면 잊어버리고, 또 다른 상황을 만나면 전혀 모를 수 있습니다. 원리를 깨쳤더라도 수식 계산에 익숙해지기까지는 꾸준한 연습이 필요합니다.

느리더라도 자신의 속도대로, 자신만의 방법으로 정확하게 풀 수 있도록 지도해 주세요. 이때 매일 같은 시간에, 같은 양을 학습하면서 공부 습관도 잡아주세요. 한 번에 많이 하는 것보다 조금씩이라도 매일 꾸준히 반복적으로 학습하는 것이 더 좋습니다.

▶ 4day 반복 학습설계

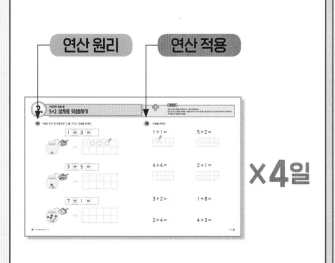

수학자신감

4 수학 교과서 속 연산 활용까지 알아보기

1학년 수학 교과서를 보면 기초 계산 문제 외에 응용 문제나 문장제 같은 다양한 유형들이 있습니다. 이와 같은 문제는 낯선 수학 용어의 의미를 모르거나 무엇을 묻는 것인지 문제 자체를 이해하지 못해 틀리는 경우가 많습니다.

기초 계산 문제를 넘어 연산과 관련된 수학 용어의 의미, 수학 용어를 사용하여 표현하는 방법, 기호로 표시된 수식을 해석하는 방법, 문장을 식으로 나타내는 방법 등 연산을 활용하는 방법까지 알려 주는 것이 좋습니다. 다양한 활용 문제를 익히면 어려운 수학 문제가 만만해지고 수학자신감이 올라갑니다.

▶ 미리 보는 1학년 연산 활용

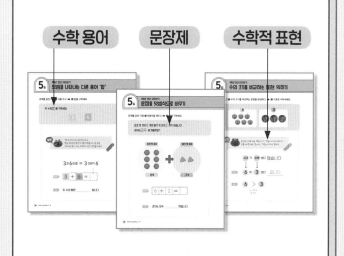

수학자신감

권별 학습 구성

<기적의 계산법 예비초등>은 초등 1학년 연산 전 과정을 학습할 수 있도록 구성된 연산 프로그램 교재입니다. 권별, 단계별 내용을 한눈에 확인하고 차근차근 공부하세요.

권	학습단계	학습주제	1학년 연산 미리보기	초등 연계 단원
1권	1단계	10까지의 수	수의 크기를 비교하는 표현 익히기	[1-1] 1. 9까지의 수 3. 덧셈과 뺄셈
	2단계	수의 순서	순서를 나타내는 표현 익히기	
	3단계	수직선	세 수의 크기 비교하기	
	4단계	연산 기호가 없는 덧셈	문장을 그림으로 표현하기	
	5단계	연산 기호가 없는 뺄셈	비교하는 수 문장제	
	6단계	+, −, = 기호	문장을 식으로 표현하기	
	7단계	구조적 연산 훈련 ①	1 큰 수 문장제	
	8단계	구조적 연산 훈련 ②	1 작은 수 문장제	
2권	9단계	2~9 모으기 가르기 ①	수를 가르는 표현 익히기	[1-1] 3. 덧셈과 뺄셈
	10단계	2~9 모으기 가르기 ②	번호를 쓰는 문제 '객관식'	
	11단계	9까지의 덧셈 ①	덧셈을 나타내는 다른 용어 '합'	
	12단계	9까지의 덧셈 ②	문장을 덧셈식으로 바꾸기	
	13단계	9까지의 뺄셈 ①	뺄셈을 나타내는 다른 용어 '차'	
	14단계	9까지의 뺄셈 ②	문장을 뺄셈식으로 바꾸기	
	15단계	덧셈식과 뺄셈식	수 카드로 식 만들기	
	16단계	덧셈과 뺄셈 종합	계산 결과 비교하기	
3권	17단계	10 모으기 가르기	짝꿍끼리 선으로 잇기	[1-1] 5. 50까지의 수 [1-2] 2. 덧셈과 뺄셈(1) 6. 덧셈과 뺄셈(3)
	18단계	100이 되는 덧셈	수 카드로 덧셈식 만들기	
	19단계	10에서 빼는 뺄셈	어떤 수 구하기	
	20단계	19까지의 수	묶음과 낱개 표현 익히기	
	21단계	십몇의 순서	사이의 수	
	22단계	(십몇)+(몇), (십몇)−(몇)	문장에서 덧셈, 뺄셈 찾기	
	23단계	10을 이용한 덧셈	연이은 덧셈 문장제	
	24단계	10을 이용한 뺄셈	동그라미 기호 익히기	
4권	25단계	10보다 큰 덧셈 ①	더 큰 수 구하기	[1-2] 2. 덧셈과 뺄셈(1) 4. 덧셈과 뺄셈(2)
	26단계	10보다 큰 덧셈 ②	덧셈식 만들기	
	27단계	10보다 큰 덧셈 ③	덧셈 문장제	
	28단계	10보다 큰 뺄셈 ①	더 작은 수 구하기	
	29단계	10보다 큰 뺄셈 ②	뺄셈식 만들기	
	30단계	10보다 큰 뺄셈 ③	뺄셈 문장제	
	31단계	덧셈과 뺄셈의 성질	수 카드로 뺄셈식 만들기	
	32단계	덧셈과 뺄셈 종합	모양 수 구하기	
5권	33단계	몇십의 구조	10개씩 묶음의 수 = 몇십	[1-1] 5. 50까지의 수 [1-2] 1. 100까지의 수 6. 덧셈과 뺄셈(3)
	34단계	몇십몇의 구조	묶음과 낱개로 나타내는 문장제	
	35단계	두 자리 수의 순서	두 자리 수의 크기 비교	
	36단계	몇십의 덧셈과 뺄셈	더 큰 수, 더 작은 수 구하기	
	37단계	몇십몇의 덧셈 ①	더 많은 것을 구하는 덧셈 문장제	
	38단계	몇십몇의 덧셈 ②	모두 구하는 덧셈 문장제	
	39단계	몇십몇의 뺄셈 ①	남은 것을 구하는 뺄셈 문장제	
	40단계	몇십몇의 뺄셈 ②	비교하는 뺄셈 문장제	

차례

25 단계

10보다 큰 덧셈 ❶

합이 10보다 큰 한 자리 수끼리의 덧셈을 배웁니다. '5+3'은 두 손을 이용하여 계산할 수 있지만, '5+7'은 손가락이 모자라지요. 그래서 아이들이 문제를 접했을 때 당황하는 경우가 많습니다. 그러나 덧셈의 원리가 바뀌는 것은 아니므로 여러 가지 모형을 이용하여 하나씩 이어서 세어 보세요. 이 과정을 통해 받아올림의 원리를 감각적으로 알고 덧셈을 익힐 수 있습니다.

앞으로는 구체물을 이용해 하나씩 세는 단계를 점점 벗어나 추상적인 수학을 접하게 됩니다. 하지만 식으로만 된 덧셈도 이어 세기의 확장으로 생각하고 충분히 연습하면 어렵지 않게 공부할 수 있습니다.

연산 시각화 모델

손가락 모델

손가락에 더하는 수만큼 ○를 그리면서 계산 결과가 10보다 큰 덧셈을 합니다. 손가락을 이용하여 덧셈을 하면 자연스럽게 수를 이어서 셀 수 있습니다.

이어 세기 모델

이어 세기는 어떤 수에서 출발하든 수 세기를 시작할 수 있는 모델입니다. 수를 쓰고 뛰어 세는 표시를 하면서 덧셈을 할 수 있도록 도와주세요.

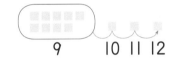

수직선 모델

수직선에 처음 수의 위치를 표시한 후, 더하는 수만큼 오른쪽 방향으로 뛰어 세면서 덧셈을 하세요.

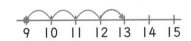

5×2 상자 모델

5×2 구조에 ○를 그리면서 합이 10보다 커지는 경우를 살펴봅니다. 10을 먼저 채우고, 나머지를 상자 밖에 그리면서 합이 10보다 큰 덧셈의 원리를 익힐 수 있습니다.

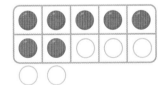

손가락으로 이어 세기

원리 모두 몇 개일까요? 더하는 수를 손가락에 ◯로 표시하고, 덧셈을 하세요.

$$8 + 4 = \boxed{}$$

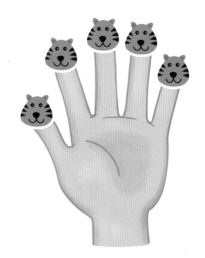 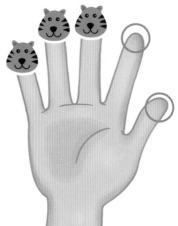 

손가락이 모자라니까
곰 발바닥을 빌려 오자.

$$9 + 5 = \boxed{}$$

합이 10보다 큰 덧셈은 아이의 두 손으로 계산하기에 손가락이 모자랍니다. 이때 당황하지 않고 엄마 손, 자기 발 등을 빌려서 이어 세기를 계속할 수 있게 해 주세요. 수가 커져도 덧셈의 원리는 같으므로 쉽게 접근할 수 있게 유도해 주세요.

적용 덧셈을 하세요.

$7 + 6 =$ ☐

$8 + 3 =$ ☐

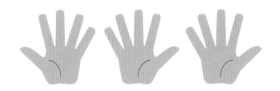

$9 + 2 =$ ☐

$7 + 5 =$ ☐

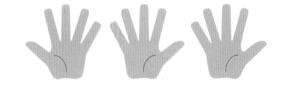

$8 + 5 =$ ☐

$8 + 6 =$ ☐

$9 + 6 =$ ☐

$6 + 6 =$ ☐

구체물로 이어 세기

원리 꽃은 모두 몇 송이일까요? 한 송이씩 이어 세고, 덧셈을 하세요.

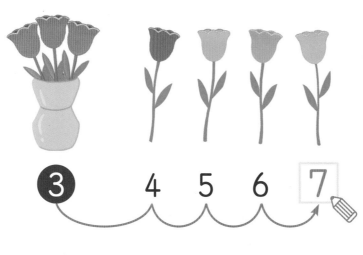

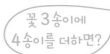
꽃 3송이에
4송이를 더하면?

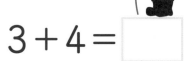

$3 + 4 = \boxed{}$

③   4   5   6 $\boxed{7}$

$7 + 3 = \boxed{}$

⑦   8   9 $\boxed{}$

$8 + 3 = \boxed{}$

⑧ $\boxed{}$ $\boxed{}$ $\boxed{}$

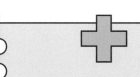

지도가이드

'9+3'을 계산할 때 앞의 수를 이미 세었다고 생각하고 9에서 시작하여 9→10→11→12로 3번 이어서 세는 방법입니다. 이어서 세는 방법은 단순한 수 세기 같아 보이지만 덧셈의 기초 원리가 됩니다. 수 세기에 익숙하다면 쉽게 문제를 해결할 수 있습니다.

 덧셈을 하세요.

구(9)에서 3번 이어서 세면 십, 십일, 십이!

9 + 3 = ☐

8 + 4 = ☐

6 + 5 = ☐

9 + 4 = ☐

9 + 5 = ☐

7 + 4 = ☐

7 + 7 = ☐

8 + 7 = ☐

원리 점핑! 점핑! 수직선에 뛰어 세는 화살표를 그리고, 덧셈을 하세요.

$7 + 2 =$ ⬚

2칸 더 점프!

$8 + 4 =$ ⬚

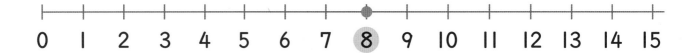

$6 + 5 =$ ⬚

$8 + 6 =$ ⬚

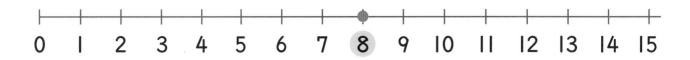

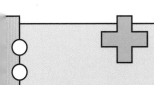

지도가이드

수직선을 항상 0부터 그릴 필요는 없습니다. 계산에 필요한 일부분만 떼어 생각할 수 있게 도와주세요. 예를 들어 '9+4'는 9에서 출발해 오른쪽 방향으로 4만큼 뛰어 세면 되므로 수직선을 0부터 8까지 생략하고 9부터 그려도 됩니다.

 덧셈을 하세요.

9 + 4 = ☐

9 10 11 12 13 14 15

7 + 4 = ☐

7 8 9 10 11 12 13

7 + 5 = ☐

7

8 + 5 = ☐

8

6 + 6 = ☐

8 + 3 = ☐

7 + 6 = ☐

4 + 9 = ☐

5×2 상자로 이어 세기

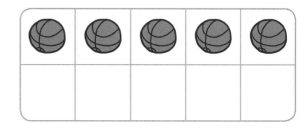

원리 공은 모두 몇 개일까요? ◯를 더 그리고, 덧셈을 하세요.

$$6 + 6 = \boxed{}$$

$$5 + 8 = \boxed{}$$

$$9 + 2 = \boxed{}$$

$$7 + 7 = \boxed{}$$

$$8 + 7 = \boxed{}$$

$$4 + 8 = \boxed{}$$

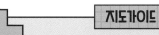 **지도가이드**

먼저 10칸짜리 상자를 꽉 채우고, 남은 것은 상자 밖에 이어서 더 그립니다. '6+6'에서 10칸짜리 상자를 기준으로 '원래 6개가 있었는데 빈칸에 ○를 4개 그리면 10칸짜리 상자가 꽉 차네. 상자 밖에 2개를 더 그려야 하는구나'라고 생각할 수 있도록 도와주세요.

 덧셈을 하세요.

$7 + 6 =$

$6 + 8 =$

$9 + 3 =$

$5 + 9 =$

$5 + 6 =$

$8 + 4 =$

$7 + 8 =$

$9 + 6 =$

❶ 식을 세우고 ➡ ❷ 답을 구하세요.

다음 수를 구하세요.

> 6보다 8만큼 더 큰 수

 잠깐! 수직선을 생각해 보세요. 3보다 1만큼 더 큰 수는 3부터 오른쪽으로 1칸만큼 뛰어 세는 거예요. 3+1과 똑같죠? 그러니까 더 큰 수를 구할 때는 덧셈식을 세워요.

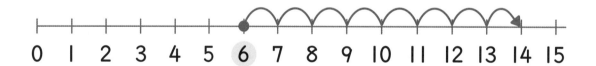

0 1 2 3 4 5 6 7 8 9 10 11 12 13 14 15

식 ▶ $6 + 8 =$

답 ▶ _____

지도가이드

1학년 2학기 6단원에서 배우는 합이 10보다 큰 덧셈 문제입니다. 초등학교에서는 덧셈을 계산하는 데에서 한발 더 나아간 문제가 자주 등장합니다. 덧셈식으로 주어진 것이 아니라 몇만큼 더 큰 수를 덧셈식으로 나타낸 후 답을 구해야 하므로 문제를 잘 읽고 식을 세우는 연습을 하세요.

❶ 식을 세우고 ➡ ❷ 답을 구하세요.

다음 수를 구하세요.

$$9보다\ 3만큼\ 더\ 큰\ 수$$

식 ▶

	+		=	

답 ▶ _____

다음 수를 구하세요.

$$7보다\ 6만큼\ 더\ 큰\ 수$$

식 ▶

답 ▶ _____

26 단계

10보다 큰 덧셈 ❷

어떻게 공부할까요?

무엇을 배울까요?

앞에서 배운 합이 10보다 큰 덧셈은 이어 세기 전략으로 계산했습니다. 지금부터는 10을 기준으로 묶어 세면서 구조적으로 빠르게 계산하는 방법을 배웁니다.

26단계는 '10 기준 묶어 세기 전략'의 준비 단계입니다. 10의 짝꿍수(보수)를 찾아 10을 먼저 만들고 나머지를 계산하는 방법으로 받아올림이 있는 덧셈의 기초를 쌓습니다. 손가락, 구슬 등 다양한 구체물을 사용하여 직접 모으고 가르면서 받아올림의 원리를 익히세요.

연산 시각화 모델

손가락 모델

손가락은 십진기수법의 기초가 되는 모델로 10의 짝꿍수(보수)를 알아보는 데 적합합니다. 손톱 10개를 둘로 나누어 색칠하면서 10의 짝꿍수를 확실하게 이해하도록 연습합니다.

밴드 모델

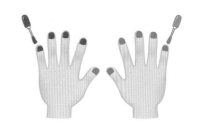

십진기수법의 기본 원리는 '10씩 묶음'입니다. 10의 짝꿍수(보수)끼리 묶으면서 '10 기준 묶어 세기 전략'을 연습합니다.

수 가지 모델

나뭇가지가 갈라지는 것처럼 한 수를 두 수로 가르거나 두 수를 한 수로 모으는 모습을 나타낸 모델입니다. 초등학교 교과서에도 자주 등장하므로 익숙해질 수 있게 도와주세요.

원리 손톱을 빨간색과 파란색으로 나누어 칠하고, 덧셈식을 완성하세요.

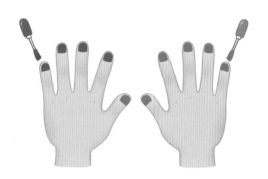

$4 + \boxed{} = 10$

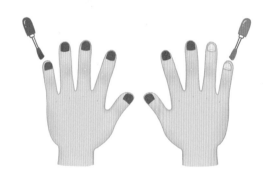

$8 + \boxed{} = 10$

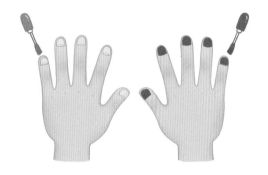

$\boxed{} + 5 = 10$

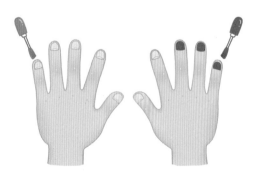

$\boxed{} + 3 = 10$

지도가이드

앞에서 배운 10이 되는 짝꿍수와 10이 되는 덧셈을 연결해서 생각합니다.
10의 짝꿍수 (1, 9), (2, 8), (3, 7), (4, 6), (5, 5)는 받아올림이 있는 덧셈을 하는 데 중요한 개념이므로 완벽하게 익힐 수 있도록 지도해 주세요.

 더해서 **10**을 만들어 보세요.

$9 + \boxed{} = 10$ $\boxed{} + 4 = 10$

$2 + \boxed{} = 10$ $\boxed{} + 9 = 10$

$3 + \boxed{} = 10$ $\boxed{} + 8 = 10$

$7 + \boxed{} = 10$ $\boxed{} + 6 = 10$

$5 + \boxed{} = 10$ $\boxed{} + 1 = 10$

원리 합이 10이 되는 두 수를 찾아 ◯로 묶고, 덧셈을 하세요.

모아서 10이 되는 두 수 먼저 더하자.

$7+3+5=\boxed{}$

10

$4+8+2=\boxed{}$

$1+9+6=\boxed{}$

식에 덧셈만 있을 때에는 앞에서부터 차례대로 더하지 않고 계산하기 편리한 것부터 먼저 더해도 됩니다. 합이 10이 되는 두 수를 먼저 찾아 더하고 나머지 수를 10에 더하여 합을 구합니다. 이와 같은 방법으로 덧셈을 하면 정확하고 빠르게 답을 구할 수 있습니다.

 덧셈을 하세요.

$(2+8)+7=$ ☐ $8+(7+3)=$ ☐

$4+3+7=$ ☐ $9+1+2=$ ☐

$4+6+9=$ ☐ $5+5+6=$ ☐

$5+9+1=$ ☐ $1+6+4=$ ☐

$7+5+5=$ ☐ $8+2+3=$ ☐

더하는 수를 갈라서 덧셈하기

원리 사탕은 모두 몇 개일까요?

왼쪽 상자부터 꽉 차도록 ⬤와 ◖를 왼쪽으로 옮겨서 덧셈을 하세요.

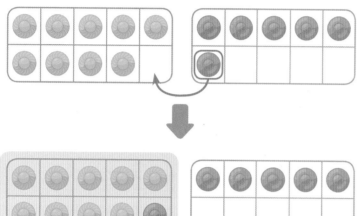

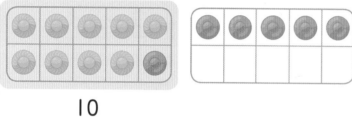

10

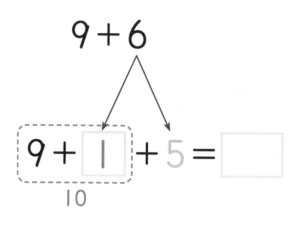

$9 + 6$

$9 + \boxed{1} + 5 = \boxed{}$

10

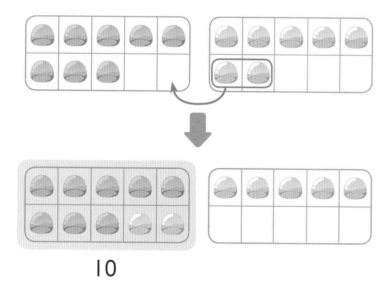

10

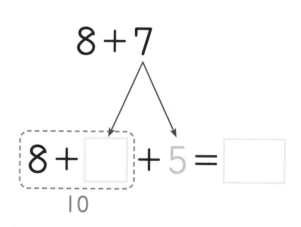

$8 + 7$

$8 + \boxed{} + 5 = \boxed{}$

10

지도가이드

앞의 수가 10이 되도록 뒤의 수에서 일부를 받아 10을 만든 후 덧셈을 합니다. '8+3'을 계산할 때 "8을 10 으로 만들려면 몇이 더 필요할까?"라고 먼저 물어보세요. 아이가 2가 더 필요하다는 것을 알아냈다면 3을 2와 1로 갈라서 덧셈을 할 수 있도록 지도해 주세요.

적용 덧셈을 하세요.

앞의 수와 더해서 10이 되는 수를 찾아봐.

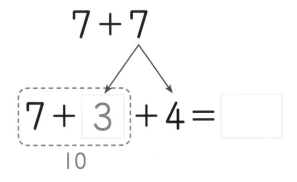

$$7 + 7$$

$$7 + \boxed{3} + 4 = \boxed{}$$

$\underset{10}{}$

$$9 + 3$$

$$9 + \boxed{} + 2 = \boxed{}$$

$\underset{10}{}$

$$6 + 5$$

$$6 + \boxed{} + 1 = \boxed{}$$

$$7 + 6$$

$$7 + \boxed{} + 3 = \boxed{}$$

$$9 + 7$$

$$9 + \boxed{} + 6 = \boxed{}$$

$$8 + 5$$

$$8 + \boxed{} + 3 = \boxed{}$$

더해지는 수를 갈라서 덧셈하기

원리 젤리는 모두 몇 개일까요?

오른쪽 상자부터 꽉 차도록 🐻 와 🍮 를 오른쪽으로 옮겨서 덧셈을 하세요.

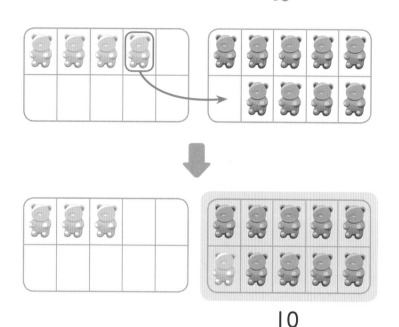

10

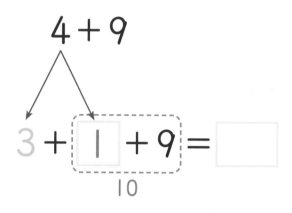

$4+9$

$3 + \boxed{1} + 9 = \boxed{}$

10

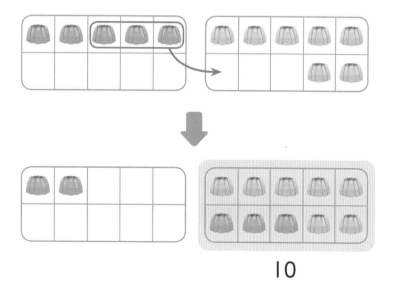

10

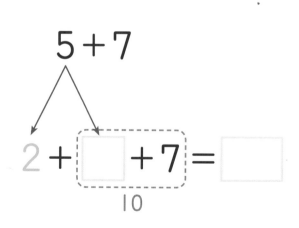

$5+7$

$2 + \boxed{} + 7 = \boxed{}$

10

지도가이드

이번에는 뒤의 수가 앞의 수보다 더 큰 경우입니다. 앞의 수를 10으로 만들어 계산하는 것과 같은 방법으로 뒤의 수를 10으로 만들어 계산합니다. 10을 만들기 위해 모자라는 수만큼 앞의 수에서 가져와 채울 수 있음을 알려 주고, 차근차근 덧셈을 할 수 있게 해 주세요.

 덧셈을 하세요.

뒤의 수와 더해서
10이 되는 수를 찾아봐.

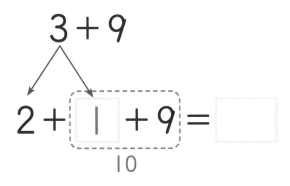

$3+9$

$2 + \boxed{1} + 9 = \boxed{}$

10

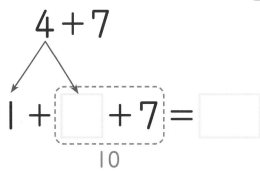

$4+7$

$1 + \boxed{} + 7 = \boxed{}$

10

$4+8$

$2 + \boxed{} + 8 = \boxed{}$

$5+9$

$4 + \boxed{} + 9 = \boxed{}$

$6+7$

$3 + \boxed{} + 7 = \boxed{}$

$3+8$

$1 + \boxed{} + 8 = \boxed{}$

❶ 수의 크기를 비교하고 ➡ ❷ 식을 세우고 ➡ ❸ 답을 구하세요.

가장 큰 수와 가장 작은 수의 **합**을 구하세요.

| 4 | 8 | 7 |

잠깐! 수직선에서는 수의 위치가 오른쪽에 있을수록 더 큰 수이고, 합은 더한다는 뜻이라는 걸 잊지 않았죠? 차근차근 하나씩 해결해 보세요.

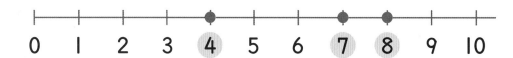

0 1 2 3 **4** 5 6 **7** **8** 9 10

➡ 가장 큰 수와 가장 작은 수의 합

8 + 4

가장 오른쪽   가장 왼쪽

식 ▶ 8 + □ = □

답 ▶ _____

❶ 수의 크기를 비교하여 식을 세우고 ➡ ❷ 답을 구하세요.

가장 큰 수와 가장 작은 수의 **합**을 구하세요.

7	5	6

식 ▶ 　　+　　　=

답 ▶ _____

가장 큰 수와 가장 작은 수의 **합**을 구하세요.

4개의 수도 한꺼번에 비교해 보자.

6	9	7	8

식 ▶

답 ▶ _____

27 단계

10보다 큰 덧셈 ❸

어떻게 공부할까요?

25단계에서는 이어 세기 전략으로, 26단계에서는 10을 이용한 연이은 덧셈으로 합이 10보다 큰 덧셈을 연습했습니다. 이어서 이번 단계에서도 두 수의 합이 10보다 큰 경우를 공부합니다.

앞 단계에서 수를 직접 가르고 더하며 덧셈의 기초를 쌓았다면 27단계에서는 수직선에서 뛰어 세고, 수 구슬을 밀고, 수 블록을 옮기면서 합이 10보다 큰 덧셈에 익숙해지도록 연습합니다. 수 구슬 모델과 수 블록 모델을 통해 10 구조를 자연스럽게 익힐 수 있습니다.

연산 시각화 모델

수 구슬 모델

더하는 두 수를 색이 다르게 표현하여 연결한 모델입니다. 10이 되는 곳에 /으로 표시하면서 직관적으로 10을 기준으로 계산하는 원리를 이해할 수 있습니다. 가지고 있는 수 구슬 교구나 바둑돌 등을 활용하는 것도 좋습니다.

수 블록 모델

수 블록 중에서 1을 나타내는 낱개 블록을 이용하여 덧셈을 배웁니다. 두 수 중 큰 수를 찾은 후 작은 수에서 낱개 블록 몇 개를 옮겨 큰 수를 10을 만들고, 남은 블록을 살펴보면서 10보다 큰 덧셈을 연습하세요.

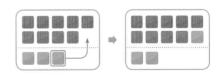

1일

10보다 큰 덧셈 ❸
수직선에서 덧셈하기

원리 오리는 어디에 도착할까요? 수직선에서 **10**까지 뛴 후 이어서 뛰어 덧셈을 하세요.

$7 + 5 = \boxed{}$

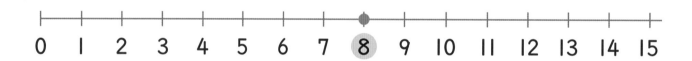

$8 + 3 = \boxed{}$

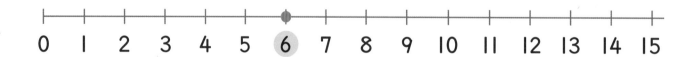

$6 + 7 = \boxed{}$

$9 + 5 = \boxed{}$

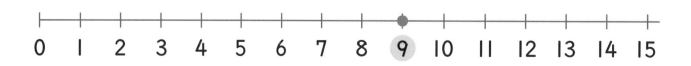

32 기적의 계산법 예비초등 4권

수직선은 한 칸에 1인 수량을 직관적으로 나타내므로 10을 만들면서 덧셈을 하기에 효과적인 모델입니다. 앞의 수에서 10까지 일단 한번에 뛰어 세고, 남은 수만큼 이어서 한번에 뛰어 세면서 두 수의 합이 10보다 큰 덧셈을 연습해 보세요.

적용 덧셈을 하세요.

$6 + 6 =$ ☐

$7 + 4 =$ ☐

$5 + 7 =$ ☐

$9 + 7 =$ ☐

$8 + 5 =$ ☐

$6 + 5 =$ ☐

$3 + 8 =$ ☐

$9 + 9 =$ ☐

$7 + 8 =$ ☐

$8 + 8 =$ ☐

원리 구슬은 모두 몇 개일까요? 10이 되도록 구슬을 밀어서 덧셈을 하세요.

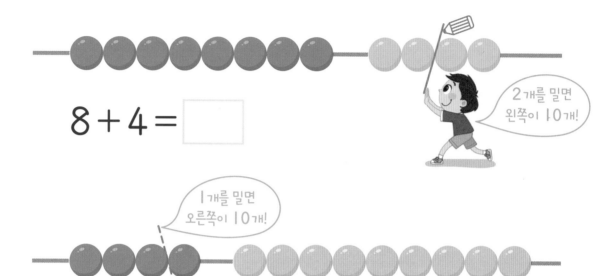

2개를 밀면
왼쪽이 10개!

$$8 + 4 = \boxed{}$$

1개를 밀면
오른쪽이 10개!

$$4 + 9 = \boxed{}$$

$$6 + 5 = \boxed{}$$

$$7 + 7 = \boxed{}$$

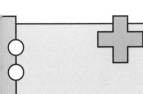
지도가이드

파란색과 노란색 구슬 중 한 가지 색의 일부를 앞이나 뒤로 밀어 한쪽이 10개가 되도록 만들어 보세요.
10이 되는 곳에 /으로 표시를 하는 것은 수를 가르기 한 것과 같습니다.
반구체물을 이용하면 받아올림이 있는 덧셈을 좀 더 쉽게 이해할 수 있습니다.

 덧셈을 하세요.

$7 + 6 =$ 　　　　$5 + 8 =$

$8 + 7 =$ 　　　　$6 + 9 =$

$9 + 2 =$ 　　　　$5 + 6 =$

$7 + 5 =$ 　　　　$8 + 9 =$

$8 + 3 =$ 　　　　$4 + 7 =$

원리 블록은 모두 몇 개일까요? 10이 되도록 초록색 블록을 옮겨서 덧셈을 하세요.

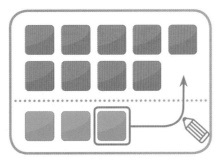

많은 쪽을 10개로 만들어.

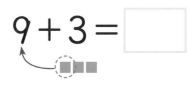

$9 + 3 =$ ☐

$8 + 5 =$ ☐

아래쪽을 10개로 만들자.

$5 + 9 =$ ☐

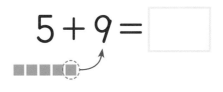

$4 + 7 =$ ☐

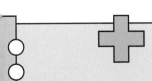

지도가이드

더하는 두 수 중에서 큰 수를 먼저 10으로 만드는 덧셈입니다. 큰 수에 몇을 더해야 10이 되는지 잘 살펴본 후 작은 수를 그 수와 나머지 수로 쪼갭니다. 이런 원리로 덧셈을 계산하는 방법을 충분히 연습하세요.

 적용 덧셈을 하세요.

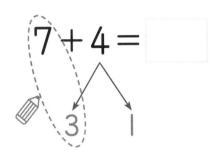

$7 + 4 = \boxed{}$
　　3　　1

$4 + 8 = \boxed{}$
　2　　2

$8 + 3 = \boxed{}$
　　2　　1

$2 + 9 = \boxed{}$
　　1　　1

$9 + 4 = \boxed{}$

$5 + 7 = \boxed{}$

$9 + 6 = \boxed{}$

$3 + 9 = \boxed{}$

4일

10보다 큰 덧셈 ❸

덧셈 퍼즐

적용 덧셈을 하세요.

$4+8=\square$

$9+9=\square$

$5+8=\square$

$8+8=\square$

$5+9=\square$

$8+7=\square$

$7+5=\square$

$6+9=\square$

$4+7=\square$

$9+8=\square$

앞에서 두 수의 합이 10보다 큰 덧셈을 계산하는 방법을 익혔습니다. 아이가 여러 가지 계산 방법 중에서 가장 자신 있는 방법으로 덧셈을 할 수 있게 해 주세요.

활동 합이 13이 되는 덧셈끼리 선으로 이어 길을 만들어 주세요.

문제를 읽은 다음 ❶ 덧셈식을 세우고 ➡ ❷ 답을 구하세요.

운동장에 남자 어린이 7명, 여자 어린이 5명이 있습니다.
운동장에 있는 어린이는 모두 몇 명일까요?

잠깐! '모두' 몇인지를 묻는 문제는 덧셈식을 세워서 풀어요.
문제에서 무엇을 더해야 하는지 살펴보고, 수직선이나
그림을 이용해 10을 먼저 만들면서 더해 보세요.

그림
남자 ◯ ◯ ◯ ◯ ◯ ◯ ◯
여자 ◯ ◯ ◯ ◯ ◯
10

덧셈식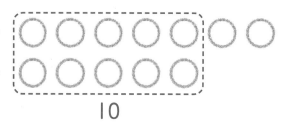

$$7 + 5 = \boxed{}$$

답 운동장에 있는 어린이는 모두 _____ 명입니다.

지도가이드

1학년 2학기 6단원에서는 한 자리 수끼리의 덧셈 결과가 10보다 큰 경우를 배웁니다. 이때 덧셈 문장제가 자주 등장하므로 문제를 잘 읽고 식을 세울 수 있도록 연습하세요. 아직 덧셈이 익숙하지 않을 수 있으므로 간단한 그림이나 수직선을 이용해 계산하면 좋습니다.

문제를 읽은 다음 ❶ 덧셈식을 세우고 ➡ ❷ 답을 구하세요.

바구니에 오렌지 주스 **4**병, 사과 주스 **9**병을 담았습니다.
바구니에 담은 주스는 **모두** 몇 병일까요?

덧셈식 ▶

답 ▶ 바구니에 담은 주스는 모두 _____ 병입니다.

편의점에서 딸기 맛 젤리 **5**개, 포도 맛 젤리 **6**개를 샀습니다.
편의점에서 산 젤리는 **모두** 몇 개일까요?

덧셈식 ▶

답 ▶ 편의점에서 산 젤리는 모두 _____ 개입니다.

28 단계

10보다 큰 뺄셈 ❶

28단계에서는 십몇에서 몇을 뺐을 때 계산 결과가 몇이 되는 뺄셈을 공부합니다. '(십몇)−(몇)'에서 빼는 수(뒤의 수)가 빼지는 수(앞의 수)의 일의 자리 수보다 크면 십의 자리에서 나머지를 더 빼야 하는 것을 '받아내림'이라고 합니다.

기차나 계단 등 여러 가지 모델을 이용하여 거꾸로 세어 보면서 받아내림의 원리를 감각적으로 익힌 후, 구슬을 /으로 지우거나 수직선에 거꾸로 뛰어 세는 화살표를 표시하면서 받아내림이 있는 뺄셈을 연습합니다.

연산 시각화 모델

거꾸로 이어 세기 모델

거꾸로 이어 세기는 큰 수에서 작은 수로 1씩 작아지게 세는 수 세기 방법입니다. 수를 쓰고 빼는 수만큼 뛰어 세는 표시를 하면서 뺄셈을 할 수 있도록 도와주세요.

수직선 모델

수직선에서 화살표의 방향은 +, −를, 뛰어 세는 칸의 수는 수의 크기를 나타내므로 수직선 모델은 연산을 이해하는 데 효과적입니다. 빼지는 수의 위치를 수직선에서 찾아 표시한 후, 빼는 수만큼 왼쪽 방향으로 뛰어 세면서 뺄셈을 하세요.

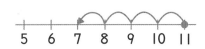

5×2 상자 모델

5×2 구조에 그려진 구슬을 지우면서 빼지는 수가 10보다 큰 뺄셈을 합니다. 상자 밖의 구슬을 먼저 /으로 지우고, 나머지를 상자 안에서 지우면서 받아내림의 원리를 자연스럽게 이해할 수 있습니다.

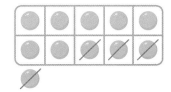

원리 수를 거꾸로 세면서 뺄셈을 하세요.

$8 - 4 = \square$

$14 - 5 = \square$

$12 - 5 = \square$

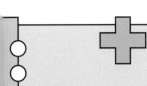

지도가이드

10보다 큰 수에서 빼는 뺄셈은 수를 거꾸로 세어 보는 것에서 학습을 시작합니다. 십몇에서 빼는 수만큼 거꾸로 세는 방법입니다. 빼는 수만큼 칸을 그리고 수를 거꾸로 쓰면서 뺄셈을 하세요. 마지막에 쓰는 수가 뺄셈의 결과가 됩니다.

 뺄셈을 하세요.

$11 - 2 =$ ☐

11	10	9

$12 - 3 =$ ☐

12	11		

$12 - 4 =$ ☐

12				

$13 - 5 =$ ☐

13					

$12 - 7 =$ ☐

$14 - 6 =$ ☐

$15 - 6 =$ ☐

$11 - 5 =$ ☐

10보다 큰 뺄셈 ❶
계단 내려가기

원리 토끼가 계단을 내려가고 있어요. 몇 층으로 갔을까요?

구(9)에서
3번 거꾸로 세면
팔, 칠, 육!

9
8
7
6
5
4

$$9 - 3 = \boxed{}$$

나도 3층
내려갈래.

12
11
10
9
8
7

$$12 - 3 = \boxed{}$$

이번에는
내 차례야.

13
12
11
10
9
8

$$13 - 4 = \boxed{}$$

나는 몇 층을 내려가야 하지?

11
10
9
8
7
6

$$11 - 5 = \boxed{}$$

'11-4'를 계산할 때 계단을 내려가는 것처럼 11 ①→ 10 ②→ 9 ③→ 8 ④→ 7로 4번을 거꾸로 세는 방법입니다. 처음 칸에 빼지는 수를 쓴 후 빼는 수만큼 칸을 더 그려 수를 쓰고 세면서 뺄셈을 하세요. 칸 대신에 계단 모양을 그리면서 계산할 수도 있습니다.

 적용 뺄셈을 하세요.

11-4 =

11	10	9	8	7

14-5 =

14	13			

12-6 =

12						

11-3 =

11			

14-9 =

15-7 =

16-7 =

13-8 =

원리 수직선에 뛰어 세는 화살표를 그리고, 뺄셈을 하세요.

$10 - 2 = \boxed{}$

2칸만큼 되돌아가자!

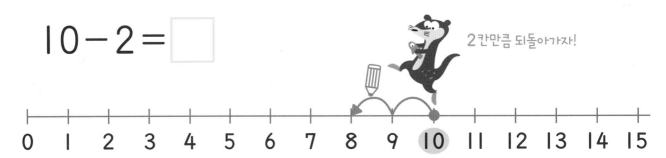

$11 - 3 = \boxed{}$

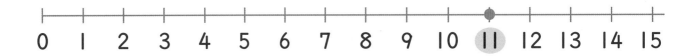

$12 - 4 = \boxed{}$

$13 - 5 = \boxed{}$

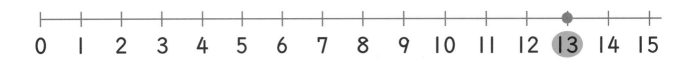

지도가이드

수직선을 이용한 뺄셈입니다. '12-3'을 계산할 때에는 수직선에서 눈금 12인 곳을 찾아 12부터 3칸만큼 왼쪽으로 거꾸로 뛰면서 뺄셈을 합니다. 한 자리 수끼리의 뺄셈과 같은 원리이므로 수가 커져도 겁먹지 않고 해결할 수 있도록 도와주세요.

 적용   뺄셈을 하세요.

$11 - 2 = \boxed{}$

```
 +---+---+---+---+---+---+
 5   6   7   8   9  10  11
```

$12 - 5 = \boxed{}$

```
 +---+---+---+---+---+---+
 6   7   8   9  10  11  12
```

$13 - 4 = \boxed{}$

```
 +---+---+---+---+---+---+
 7   8   9  10  11  12  13
```

$11 - 5 = \boxed{}$

```
 +---+---+---+---+---+---+
 5   6   7   8   9  10  11
```

$12 - 8 = \boxed{}$

$15 - 6 = \boxed{}$

$14 - 7 = \boxed{}$

$11 - 4 = \boxed{}$

10보다 큰 뺄셈 ➊
5×2 상자로 지우면서 세기

원리 구슬은 몇 개 남을까요? 빼는 수만큼 /으로 지우고, 뺄셈을 하세요.

$12 - 4 = \boxed{}$

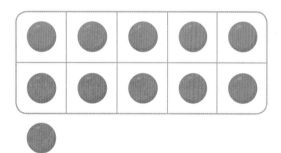

$14 - 8 = \boxed{}$

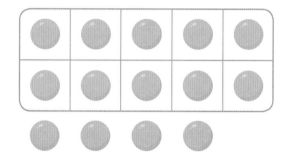

$11 - 5 = \boxed{}$

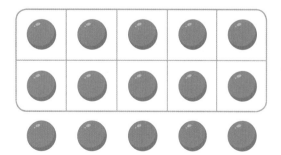

$13 - 4 = \boxed{}$

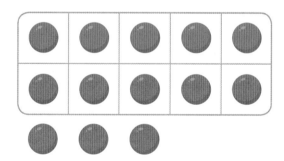

$15 - 9 = \boxed{}$

$12 - 7 = \boxed{}$

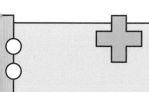

지도가이드

구슬을 빼는 수만큼 /으로 지우고, 남은 구슬의 수를 세어 뺄셈을 합니다.
구슬을 지울 때 상자 밖에 있는 구슬부터 먼저 지우고 이어서 상자 안에 있는 구슬을 지우면 남은 개수를 쉽게 셀 수 있습니다.

 뺄셈을 하세요.

$12 - 3 =$ ☐

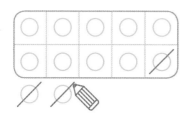

$13 - 6 =$ ☐

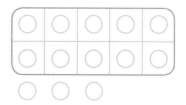

$15 - 7 =$ ☐

$14 - 5 =$ ☐

$11 - 4 =$ ☐

$12 - 6 =$ ☐

$13 - 5 =$ ☐

$14 - 9 =$ ☐

❶ 식을 세우고 ➡ ❷ 답을 구하세요.

다음 수를 구하세요.

> |2보다 6만큼 더 작은 수

잠깐! 수직선에서 3보다 |만큼 더 작은 수는 3−|과 똑같이 3부터 왼쪽으로 |칸만큼 뛰어 세는 거예요. 그러니까 더 작은 수를 구할 때는 뺄셈식을 세우세요.

|2부터 왼쪽으로 6칸 이동!

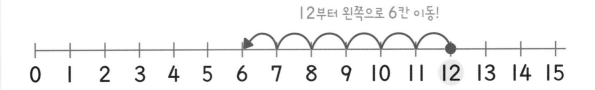

0 | 2 3 4 5 6 7 8 9 10 || |2 |3 |4 |5

식 ▶ | |2 | − | 6 | = | |

답 ▶ _____

지도가이드

1학년 2학기 4단원에서 배우는 '(십몇)−(몇)=(몇)'의 문제입니다.
아이들은 덧셈보다 뺄셈을 더 어려워하는 경우가 많으므로 몇만큼 더 작은 수를 뺄셈식으로 나타낸 후 답을 구하는 과정을 차근차근 연습하세요.

❶ 식을 세우고 ➡ ❷ 답을 구하세요.

다음 수를 구하세요.

11보다 3만큼 더 작은 수

식 ▶ [−   =   ]

답 ▶ _____

다음 수를 구하세요.

13보다 8만큼 더 작은 수

> 더 작은 수를 구하려면 뺄셈식을 세우자.

식 ▶ [   ]

답 ▶ _____

29 단계

10보다 큰 뺄셈 ❷

28단계에서는 '(십몇)-(몇)=(몇)'을 거꾸로 세기 전략으로 계산했습니다. 29단계에서는 빼는 수를 갈라서 뺄셈하는 방법을 배웁니다. 좀 더 구조적이고 빠르게 계산하는 방법을 익히기 위해 먼저 10의 짝꿍수(보수)와 10에서 빼는 뺄셈을 복습합니다. 이를 바탕으로 빼는 수의 일부를 앞의 수에서 빼서 먼저 10을 만들고 나머지를 10에서 빼는 방법으로 계산합니다. 수직선을 거꾸로 뛰거나 다양한 구체물로 직접 모으고 가르면서 받아내림의 원리를 익히세요.

연산 시각화 모델

5×2 모델

5×2 상자 모델의 응용입니다. 10칸의 주차 공간에 자동차 10대가 세워져 있는 상황으로 바뀌고, 빼는 수만큼 /으로 지우는 것은 앞에서 연습한 5×2 상자 모델과 같습니다.

연결 모형 모델

연결 모형은 초등학교 수학 교과서에 자주 등장하는 교구입니다. 블록 형태로 되어 있어 수량을 직접 나타낼 수 있고, 연결하거나 분리할 수 있어 덧셈과 뺄셈의 개념을 익히는 데 효과적인 모델입니다.

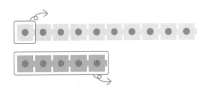

수 가지 모델

나뭇가지가 갈라지는 것처럼 한 수를 두 수로 가르거나 두 수를 한 수로 모으는 모습을 나타낸 모델입니다. 초등학교 교과서에도 자주 등장하므로 익숙해지도록 연습하세요.

$$13-5$$

$$13- \boxed{3} -2 = \boxed{8}$$
$$\underset{10}{}$$

원리 주차장에 자동차가 **10**대 있어요. 빼는 수만큼 /으로 지우면 몇 대 남을까요?

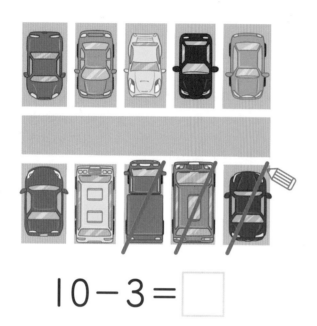

$$10 - 3 = \boxed{}$$

$$10 - 4 = \boxed{}$$

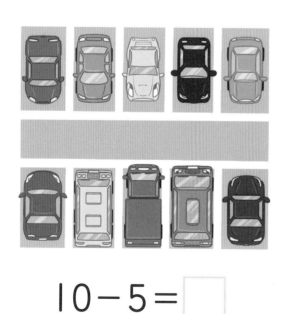

$$10 - 5 = \boxed{}$$

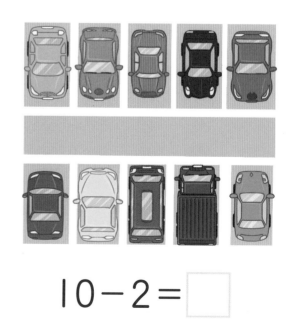

$$10 - 2 = \boxed{}$$

지도가이드

앞에서 배운 10의 짝꿍수(보수) 개념을 10에서의 뺄셈으로 연결합니다.
10의 짝꿍수는 받아내림이 있는 뺄셈을 익히는 데 중요한 개념입니다. 제대로 이해하고, 익숙해질 때까지
충분히 연습하세요.

 뺄셈을 하세요.

$10 - 9 = \boxed{}$

$10 - 8 = \boxed{}$

$10 - 7 = \boxed{}$

$10 - 4 = \boxed{}$

$10 - 3 = \boxed{}$

$10 - 5 = \boxed{}$

$10 - 6 = \boxed{}$

$10 - 2 = \boxed{}$

10이 다
사라졌어!

$10 - 1 = \boxed{}$

$10 - 10 = \boxed{}$

10보다 큰 뺄셈 ❷
10 만들어 세 수의 뺄셈하기

원리 타조는 어디에 도착할까요? 수직선에 뛰어 세는 화살표를 그리고, 뺄셈을 하세요.

$$14 - 4 - 3 = \boxed{}$$

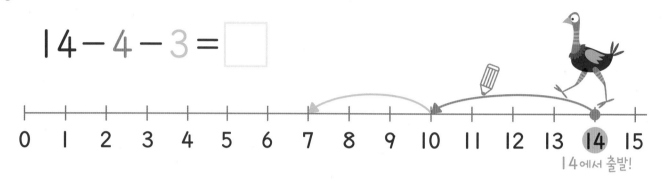

14에서 출발!

$$11 - 1 - 6 = \boxed{}$$

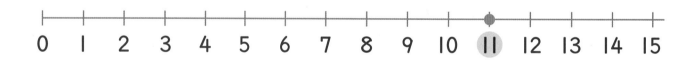

$$12 - 2 - 4 = \boxed{}$$

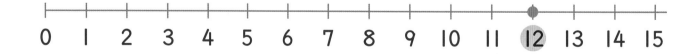

$$13 - 3 - 2 = \boxed{}$$

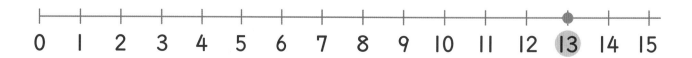

수직선은 한 칸의 크기가 1이고, 뛰어 세는 방향이 +, −를 나타냅니다. 덧셈과 뺄셈을 이해하는 데 효과적인 모델 중 하나로 수직선에서 10까지 거꾸로 뛴 후 나머지를 이어서 뛰는 것으로 받아내림의 개념을 이해할 수 있습니다.

 뺄셈을 하세요.

$$15 - 5 - 3 = \boxed{}$$

$$18 - 8 - 1 = \boxed{}$$

$$11 - 1 - 5 = \boxed{}$$

$$13 - 3 - 4 = \boxed{}$$

$$16 - 6 - 3 = \boxed{}$$

$$12 - 2 - 1 = \boxed{}$$

$$14 - 4 - 1 = \boxed{}$$

$$11 - 1 - 3 = \boxed{}$$

$$13 - 3 - 6 = \boxed{}$$

$$14 - 4 - 4 = \boxed{}$$

3일 10보다 큰 뺄셈 ❷
빼는 수를 갈라서 뺄셈하기 ①

원리 사탕은 몇 개 남을까요? 빼는 수만큼 ⭕로 표시한 것을 보고 뺄셈을 하세요.

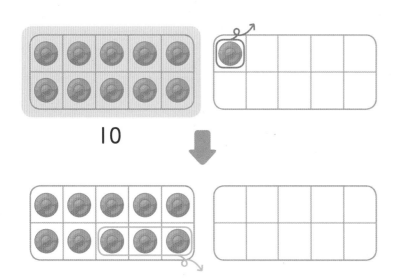

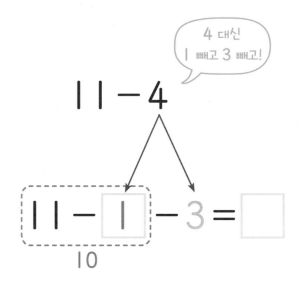

4 대신
1 빼고 3 빼고!

$$11 - 4$$

$$11 - \boxed{1} - 3 = \boxed{}$$
10

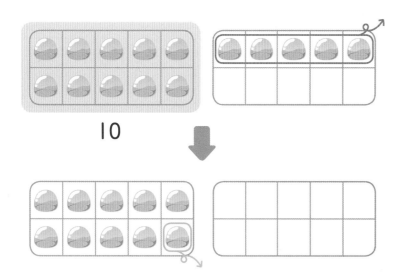

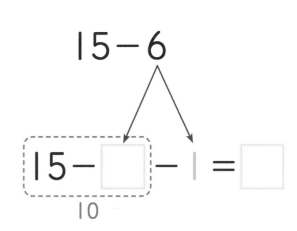

$$15 - 6$$

$$15 - \boxed{} - 1 = \boxed{}$$
10

지도가이드

아이들은 '13-5'에서 '-5'를 '-3-2'로 나누어 생각하는 것이 쉽지 않습니다. "전부 5개를 빼는데 먼저 3개를 빼고, 또 2개를 뺀 거야."라고 말로 먼저 이해할 수 있게 식을 설명해 주세요. 주변에서 쉽게 접할 수 있는 사탕이나 젤리를 먹는 상황 등을 이용해 설명하는 것도 좋습니다.

적용 뺄셈을 하세요.

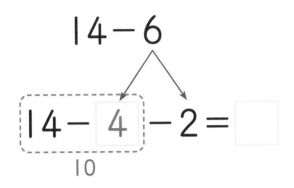

$14 - 6$

$14 - \boxed{4} - 2 = \boxed{}$
$\underbrace{}_{10}$

$13 - 7$

$13 - \boxed{} - 4 = \boxed{}$
$\underbrace{}_{10}$

$18 - 9$

$18 - \boxed{} - 1 = \boxed{}$

$16 - 7$

$16 - \boxed{} - 1 = \boxed{}$

$12 - 4$

$12 - \boxed{} - 2 = \boxed{}$

$11 - 6$

$11 - \boxed{} - 5 = \boxed{}$

원리 연결 모형은 몇 개 남을까요? 빼는 수만큼 ☐로 표시하고, 뺄셈을 하세요.

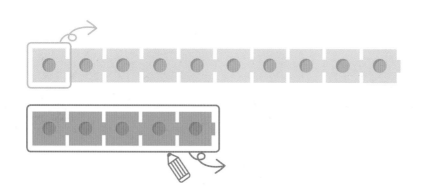

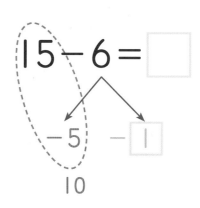

$$15 - 6 = \boxed{}$$

$$-5 \qquad -1$$

$$10$$

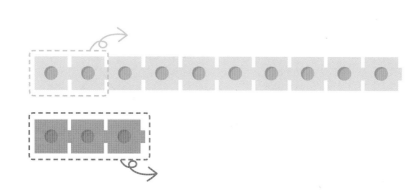

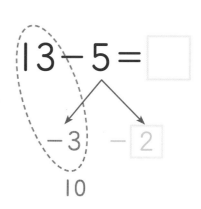

$$13 - 5 = \boxed{}$$

$$-3 \qquad -2$$

$$10$$

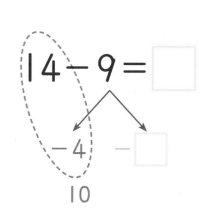

$$14 - 9 = \boxed{}$$

$$-4 \qquad -\boxed{}$$

$$10$$

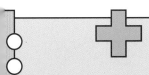

연결 모형이 10개 남도록 먼저 낱개를 덜어내고 나머지를 더 덜어내는 방법으로 받아내림 감각을 키울 수 있습니다. '15-6'에서 15를 10으로 만들기 위해 6을 5와 1로 가르고, 15에서 5를 먼저 뺀 후 남은 1을 더 뺍니다.

 뺄셈을 하세요.

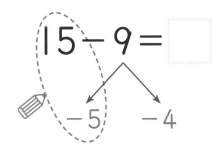

$15 - 9 = \boxed{}$

$-5 \quad -4$

$16 - 8 = \boxed{}$

$-6 \quad -2$

$13 - 9 = \boxed{}$

$-3 \quad -6$

$12 - 7 = \boxed{}$

$-2 \quad -5$

$14 - 6 = \boxed{}$

$17 - 8 = \boxed{}$

$11 - 2 = \boxed{}$

$14 - 7 = \boxed{}$

❶ 수의 크기를 비교하고 ➡ ❷ 식을 세우고 ➡ ❸ 답을 구하세요.

가장 큰 수와 가장 작은 수의 **차**를 구하세요.

| 13 | 7 | 11 |

잠깐!

차는 뺀다는 뜻! 뺄셈은 꼭 큰 수에서 작은 수를 빼야 해요.
수직선에서는 수의 위치가 오른쪽에 있을수록 더 큰 수이고
왼쪽에 있을수록 더 작은 수라는 것, 잊지 않았죠?

0 1 2 3 4 5 6 7 8 9 10 11 12 13 14 15

➔ 가장 큰 수와 가장 작은 수의 차

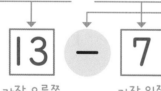

| 13 | ━ | 7 |

가장 오른쪽   가장 왼쪽

식 ▶ | 13 | ━ | | = | |

답 ▶ _____

여러 수의 크기를 비교하고, 가장 큰 수와 가장 작은 수를 찾아 뺄셈식까지 만들어 보는 문제입니다.
수직선에 수를 모두 표시하고, 크기를 비교한 후 뺄셈식을 만들어 보세요. 뺄셈식은 반드시 큰 수에서 작은
수를 빼는 형태로 만들어야 한다는 점에 주의합니다.

❶ 수의 크기를 비교하여 식을 세우고 ➡ ❷ 답을 구하세요.

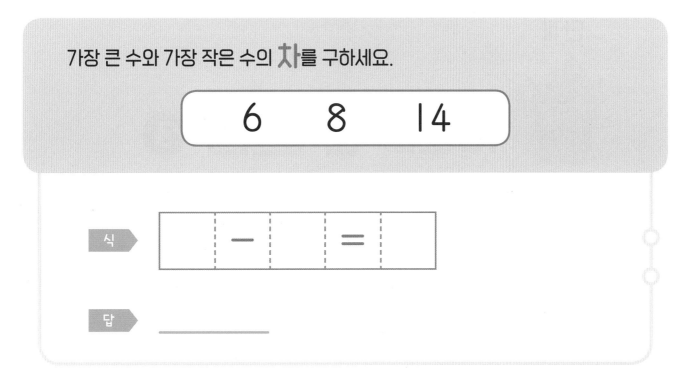

가장 큰 수와 가장 작은 수의 **차**를 구하세요.

6   8   14

식 ▶ [ ] ─ [ ] = [ ]

답 ▶ _____

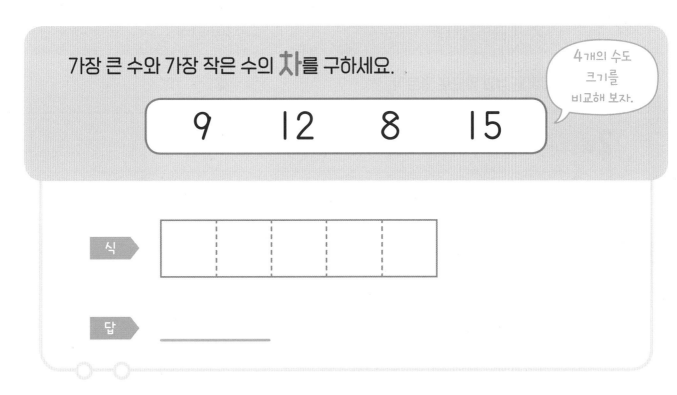

가장 큰 수와 가장 작은 수의 **차**를 구하세요.

9   12   8   15

4개의 수도
크기를
비교해 보자.

식 ▶ [ ][ ][ ][ ]

답 ▶ _____

30 단계

10보다 큰 뺄셈 ❸

어떻게 공부할까요?

28단계에서는 거꾸로 세기 전략으로, 29단계에서는 빼는 수를 가르는 방법으로 '(십몇)−(몇)=(몇)'을 연습했습니다. 이번 단계에서는 십몇을 10과 몇으로 갈라 10에서 먼저 빼는 뺄셈을 공부합니다. 앞 단계에서는 빼는 수를 갈라서 처음 수(빼지는 수)의 낱개만큼을 먼저 뺐다면 30단계에서는 처음 수를 10과 몇으로 갈라서 10에서 먼저 뺀 후 남은 몇을 더하는 방법을 배웁니다. 뺄셈을 연습하는 단계이므로 두 가지 방법을 모두 익힌 후 31단계부터는 아이가 더 편하게 생각하는 방법으로 계산하세요.

연산 시각화 모델

동전 모델

10원짜리 동전 모형과 1원짜리 동전 모형을 이용하여 '(십몇)=10+(몇)'을 이해하는 모델입니다. 동전 모형을 이용하여 연습하면 아이들이 쉽게 기억하므로 연산 연습에 많이 활용할 수 있습니다.

$$15 = 10 + \boxed{5}$$

수 가지 모델

나뭇가지가 갈라지는 것처럼 한 수를 두 수로 가르거나 두 수를 한 수로 모으는 모습을 나타낸 모델입니다. 초등학교 교과서에도 자주 등장하므로 익숙해질 수 있게 도와주세요.

$$14-6$$

$$\boxed{10}-6 + \boxed{4} = \boxed{8}$$

4

수 블록 모델

낱개 블록을 지우면서 10을 이용한 뺄셈을 공부합니다. 10으로 묶여 있는 블록에서 빼는 수만큼 /으로 먼저 지우고, 남은 블록의 수를 세면서 뺄셈의 원리를 이해할 수 있습니다.

10보다 큰 뺄셈 ❸
십몇을 십과 몇으로 가르기

원리 동전을 보고 ☐ 안에 알맞은 수를 쓰세요.

15 = 10 + ☐

11 = 10 + ☐

12 = ☐ + 2

16 = ☐ + 6

13 = 10 + ☐

14 = ☐ + 4

'(십몇)=10+(몇)'으로 생각할 수 있게 합니다.
'13=10+3'을 이용하면 '13−5'를 '10+3−5'로 나타낼 수 있고, 10에서 5를 먼저 뺀 후 3을 더하여 계산할 수 있습니다. 이런 방법은 받아내림이 있는 뺄셈에 활용할 수 있습니다.

 적용

□ 안에 알맞은 수를 쓰세요.

$12 = 10 + \boxed{}$ $19 = \boxed{} + 9$

$15 = \boxed{} + 5$ $17 = 10 + \boxed{}$

$14 = 10 + \boxed{}$ $11 = \boxed{} + 1$

$17 = \boxed{} + 7$ $18 = 10 + \boxed{}$

$16 = 10 + \boxed{}$ $13 = \boxed{} + 3$

십몇을 갈라서 뺄셈하기 ①

원리 젤리는 몇 개 남을까요? 빼는 수만큼 ⟲로 표시한 것을 보고 뺄셈을 하세요.

10

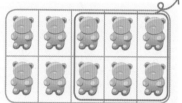
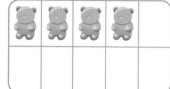

10에서 6을 먼저 빼고

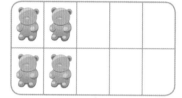
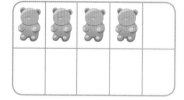

남은 것끼리 더하자!

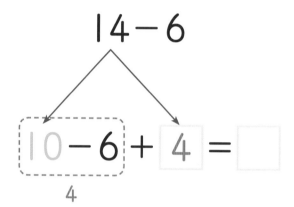

$14-6$

$10-6$ $+$ 4 $=$ ☐

4

10

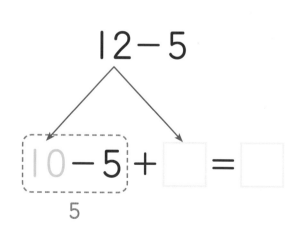

$12-5$

$10-5$ $+$ ☐ $=$ ☐

5

빼지는 수(십몇)를 10과 몇으로 갈라서 뺄셈을 하는 방법입니다. 10에서 빼는 수를 먼저 빼고 남은 수와 십몇의 몇을 더합니다. 이 방법은 아이가 많이 헷갈려할 수 있으므로 십몇을 직접 수 가지로 나누면서 계산할 수 있도록 도와주세요.

 적용 빼셈을 하세요.

$$13-5$$

$$10-5 + 3 = \boxed{}$$

5

$$14-7$$

$$10-7 + \boxed{} = \boxed{}$$

3

$$12-6$$

$$10-6 + \boxed{} = \boxed{}$$

$$16-8$$

$$10-8 + \boxed{} = \boxed{}$$

$$11-7$$

$$10-7 + \boxed{} = \boxed{}$$

$$15-6$$

$$10-6 + \boxed{} = \boxed{}$$

십몇을 갈라서 뺄셈하기 ②

원리 블록은 몇 개 남을까요? 빼는 수만큼 /으로 지우고, 뺄셈을 하세요.

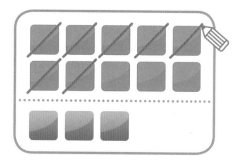

$13 - 7 = \boxed{}$

$10 + \boxed{3}$

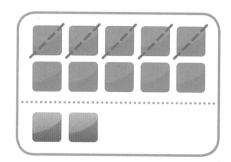

$12 - 5 = \boxed{}$

$10 + \boxed{2}$

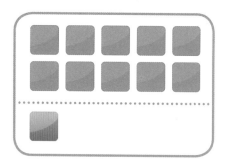

$11 - 9 = \boxed{}$

$10 + \boxed{}$

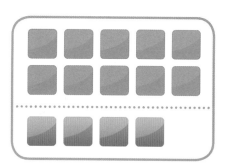

$14 - 6 = \boxed{}$

$10 + \boxed{}$

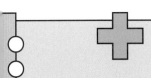 **지도가이드**

앞의 수를 10과 나머지로 갈라 10에서 뒤의 수를 뺀 후 가르고 남은 수를 더하는 방법을 더 연습합니다. 십몇의 10에서 빼는 수만큼 블록을 먼저 지우고 남은 블록의 수를 더합니다. 앞에서 배운 것을 간단하게 나타내면서 익숙해질 수 있게 도와주세요.

 뺄셈을 하세요.

$12 - 7 =$ ☐

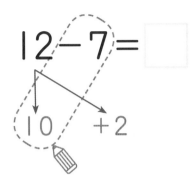

$15 - 6 =$ ☐

$11 - 3 =$ ☐

$13 - 4 =$ ☐

$14 - 8 =$ ☐

$16 - 9 =$ ☐

$16 - 8 =$ ☐

$11 - 4 =$ ☐

뺄셈 퍼즐

적용 뺄셈을 하세요.

$11 - 3 = \boxed{}$

$15 - 9 = \boxed{}$

$12 - 9 = \boxed{}$

$13 - 8 = \boxed{}$

$17 - 8 = \boxed{}$

$11 - 9 = \boxed{}$

$14 - 6 = \boxed{}$

$12 - 5 = \boxed{}$

$13 - 6 = \boxed{}$

$11 - 7 = \boxed{}$

아이가 가장 자신있는 방법으로 뺄셈을 계산하도록 합니다. 앞에서 배운 세 가지 방법 중에서 아이가 편하게 생각하는 방법으로 계산하면 됩니다. 단, 수를 거꾸로 세는 방법보다는 수를 갈라서 계산하는 방법을 더 연습하는 것이 좋습니다.

활동 뺄셈을 하고, 그 결과만큼 사자의 갈기를 색칠하세요.

11 - 4

15 - 7

14 - 9

12 - 6

문제를 읽은 다음 ❶ 뺄셈식을 세우고 ➡ ❷ 답을 구하세요.

만두를 | | 개 쪄서 그중에 5개를 먹었습니다.
남은 만두는 몇 개일까요?

얼마나 남았는지 묻는 문제는 뺄셈식을 세워서 풀어요.
무엇을 빼는 수로 할지 문제를 잘 읽어 그림을 그려 보고
식을 세워서 뺄셈을 해 보세요.

그림

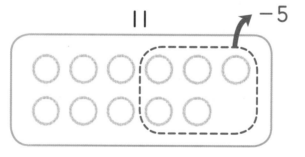

뺄셈식 | | − 5 =

답 남은 만두는 _____ 개입니다.

문제를 읽은 다음 ❶ 뺄셈식을 세우고 ➡ ❷ 답을 구하세요.

주차장에 자동차가 16대 있었는데 8대가 나갔어요.
주차장에 **남은 자동차**는 몇 대일까요?

뺄셈식

답 ▶ 주차장에 남은 자동차는 _____ 대입니다.

문구점에 공책이 14권 있었는데 9권이 팔렸어요.
문구점에 **남은 공책**은 몇 권일까요?

뺄셈식

답 ▶ 문구점에 남은 공책은 _____ 권입니다.

31 단계

덧셈과 뺄셈의 성질

이번 단계에서는 두 수를 바꾸어 더해도 결과가 같은 '덧셈의 교환법칙'과 세 수로 덧셈식 2개와 뺄셈식 2개를 만드는 '덧셈과 뺄셈의 역연산 관계'를 배웁니다.

연산의 성질을 알면 계산을 더 쉽게, 더 효율적으로 할 수 있으므로 아이가 문제를 풀다가 패턴을 발견하고 '아! 왼쪽과 오른쪽 답이 같아. 난 하나만 풀고 나머지는 답만 적어야지.'라고 생각해도 요령 피운다고 혼내지 마세요. 다만 "왜 그렇게 할 수 있어?"라고 물어서 덧셈과 뺄셈의 성질을 제대로 이해하고 있는지 확인하세요. 문제의 규칙을 발견하고 좀 더 쉽게 푸는 방법을 찾는 것은 수학적인 사고력을 키우는 방법 중 하나입니다.

연산 시각화 모델

도미노 모델

도미노를 180° 돌려서 더하는 수와 더해지는 수를 바꾸어도 계산 결과는 같다는 것을 알 수 있습니다.

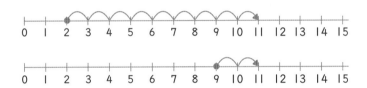

수직선 모델

덧셈에서 두 수를 바꾸어 더해도 결과가 같다는 것을 한눈에 알아볼 수 있는 모델입니다. 뛰어 세기를 하면서 큰 수에 작은 수를 더하는 것이 더 편리하다는 것을 아이 스스로 깨닫게 합니다.

수 블록 모델

색과 길이가 다른 블록 3개로 덧셈과 뺄셈의 관계를 한눈에 알아볼 수 있는 모델입니다. 전체와 부분을 살펴보면서 덧셈과 뺄셈 사이의 관계를 익힐 수 있습니다.

덧셈과 뺄셈의 성질
도미노로 바꾸어 덧셈하기

원리 두 수를 바꾸어 더해 보세요.

휘리릭~
도미노를 돌려 볼까?

$3 + 8 =$ ☐

$8 + 3 =$ ☐

$7 + 6 =$ ☐

$6 + 7 =$ ☐

$9 + 8 =$ ☐

$8 + 9 =$ ☐

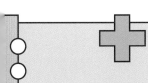

지도가이드

도미노를 돌려서 더해지는 수와 더하는 수의 순서가 바뀌어도 결과는 같다는 것을 배웁니다. 초등학교 교육 과정에서는 '교환법칙'이라는 용어를 사용하지 않고 '두 수를 바꾸어 더해도 합이 같다.'는 덧셈의 성질만 이해하도록 지도합니다.

 덧셈을 하세요.

$4 + 9 =$ ⬌ $9 + 4 =$

$5 + 6 =$ ⬌ $6 + 5 =$

$8 + 7 =$ ⬌ $7 + 8 =$

$9 + 5 =$ ⬌ $5 + 9 =$

$7 + 9 =$ ⬌ $9 + 7 =$

원리 두 수를 바꾸어 더해 보세요.

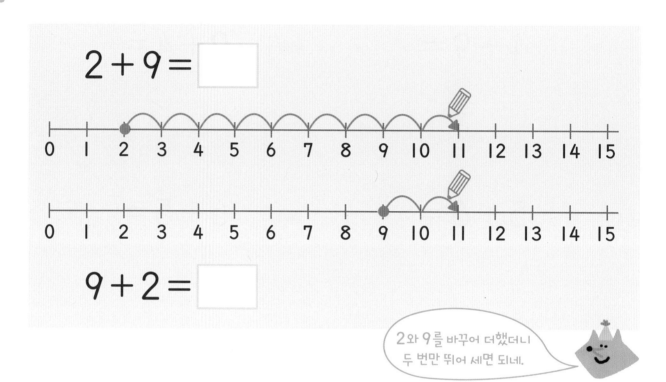

$2 + 9 = \boxed{}$

$9 + 2 = \boxed{}$

2와 9를 바꾸어 더했더니 두 번만 뛰어 세면 되네.

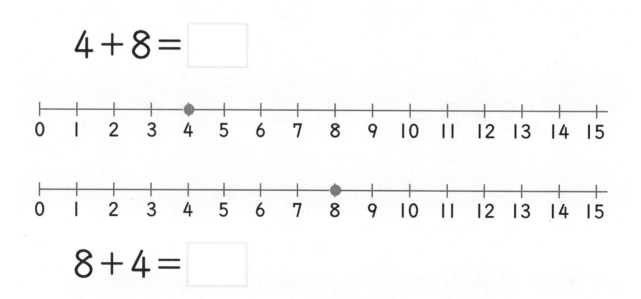

$4 + 8 = \boxed{}$

$8 + 4 = \boxed{}$

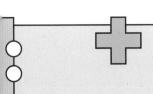

지도가이드

일반적으로 아이들은 더해지는 수보다 더하는 수가 작을 때 더 쉽게 계산합니다.
두 수를 바꾸어 더해도 합이 같다는 덧셈의 성질을 이용하면 '2+9'처럼 더하는 수가 큰 경우 '9+2'로 바꾸어 더 쉽게 계산할 수 있습니다.

 덧셈을 하세요.

$6 + 9 =$ ⬄ $9 + 6 =$

$5 + 8 =$ ⬄ $8 + 5 =$

$4 + 7 =$ ⬄ $7 + 4 =$

$3 + 9 =$ ⬄ $9 + 3 =$

$6 + 8 =$ ⬄ $8 + 6 =$

원리 그림을 보고 빈 곳에 알맞은 수를 쓰세요.

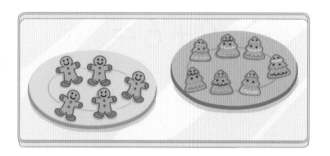

$$5 + 7 = \boxed{}$$

$$7 + \bigcirc = \boxed{}$$

쿠키가 모두
12개 있네.

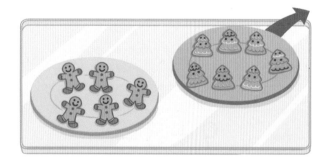

$$\boxed{12} - \bigcirc = \bigcirc$$

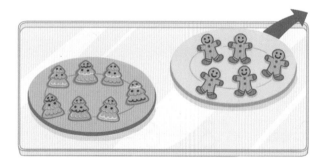

$$\boxed{12} - \bigcirc = \bigcirc$$

덧셈과 뺄셈은 서로 반대되는 상황입니다. 쿠키를 담은 두 접시를 움직여 위치를 바꾸면서 덧셈식과 뺄셈식을 만들어 볼 수 있습니다. 세 수로 덧셈식 2개와 뺄셈식 2개를 만들어 계산하면서 덧셈과 뺄셈의 관계를 살펴보세요.

 안에 알맞은 수를 쓰세요.

11
③ ⑧

$3 + 8 =$ ☐ $8 + 3 =$ ☐

$11 - 8 =$ ☐ $11 - 3 =$ ☐

17
⑧ ⑨

$8 + 9 =$ ☐ $9 + 8 =$ ☐

$17 - 9 =$ ☐ $17 - 8 =$ ☐

13
⑦ ⑥

$7 + 6 =$ ☐ $6 + 7 =$ ☐

$13 - 6 =$ ☐ $13 - 7 =$ ☐

원리 길이가 다른 블록 3개로 덧셈식과 뺄셈식을 만들어 보세요.

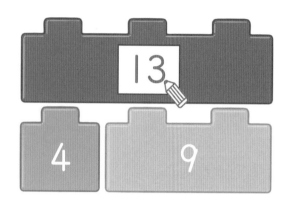 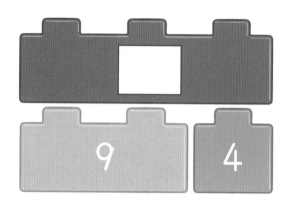

4 + 9 = ☐ 9 + 4 = ☐

블록 3개로 식을 4개 만들 수 있어요!

13 − 4 = ☐ 13 − 9 = ☐

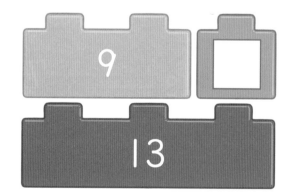

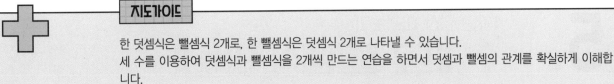
지도가이드

한 덧셈식은 뺄셈식 2개로, 한 뺄셈식은 덧셈식 2개로 나타낼 수 있습니다.
세 수를 이용하여 덧셈식과 뺄셈식을 2개씩 만드는 연습을 하면서 덧셈과 뺄셈의 관계를 확실하게 이해합니다.

 적용 덧셈과 뺄셈을 하세요.

$4+8=\boxed{}$ $12-4=\boxed{}$

$8+4=\boxed{}$ $12-8=\boxed{}$

$9+7=\boxed{}$ $16-9=\boxed{}$

$7+9=\boxed{}$ $16-7=\boxed{}$

$5+9=\boxed{}$ $14-5=\boxed{}$

$9+5=\boxed{}$ $14-9=\boxed{}$

1학년 연산 미리보기
수 카드로 뺄셈식 만들기

❶ 가장 큰 수를 찾고 ➡ ❷ 뺄셈식을 만드세요.

카드를 모두 한 번씩 사용하여 **뺄셈식 2개**를 만들어 보세요.

잠깐! 뺄셈식은 큰 수에서 작은 수를 빼서 만들어요.
제일 먼저 가장 큰 수를 찾고,
가장 큰 수에서 다른 수 하나를 빼면 남은 수가 되지요!

➡ 가장 큰 수는 **14** 입니다.

지도가이드

빨셈식은 가장 큰 수에서 나머지 두 수 중 한 수를 빼는 형태로 만드는 것이므로 먼저 주어진 카드 중에서 가장 큰 수를 찾을 수 있도록 연습합니다. 주어진 카드만 보고 빨셈식을 만드는 것이 어렵다면 카드를 실제로 만들어 배열하면서 식을 만들어 보는 것도 좋습니다.

❶ 가장 큰 수를 찾고 ➡ ❷ 뺄셈식을 만드세요.

카드를 모두 한 번씩 사용하여 **뺄셈식 2개**를 만들어 보세요.

뺄셈식

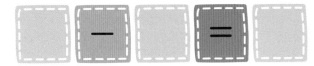

카드를 모두 한 번씩 사용하여 **뺄셈식 2개**를 만들어 보세요.

뺄셈식

32 단계

덧셈과 뺄셈 종합

무엇을 배울까요?

받아올림과 받아내림이 있는 10보다 큰 덧셈과 뺄셈을 복습합니다. 1학년 2학기 마지막 단원에서 배우는 받아올림이 있는 덧셈과 받아내림이 있는 뺄셈이므로 아이가 아직 어려워할 수 있습니다. 다양한 활동을 통해서 더 연습해 봅니다.

아이들은 어제 배운 것도 금방 잊어버릴 수 있습니다. 연산은 정확하게 답을 구할 수 있을 때까지 반복해 연습하는 것이 중요합니다.

연산 시각화 모델

함수기 모델

덧셈식을 덧셈 기계로, 뺄셈식을 뺄셈 기계로 나타내어 기계를 통과하면 그 수만큼 커지거나 작아지는 함수기 모델입니다. 초등학교에 들어가 학년이 올라갈수록 함수기의 형태는 점점 복잡하게 변합니다. 기본적인 함수기 모델을 통해 이후 학습에 도움이 될 수 있도록 도와주세요.

길 찾기 모델

처음 수에서 마지막 수가 되려면 몇을 더해야 하는지 또는 몇을 빼야 하는지 주어져 있는 세 수 중에서 알맞은 수를 찾는 모델입니다. 10보다 큰 덧셈과 뺄셈을 다시 한번 복습하고, 헷갈리지 않도록 연습하세요.

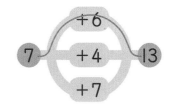

적용 덧셈과 뺄셈을 하세요.

$8 + 5 =$ 　

$17 - 9 =$ 　

$5 + 7 =$ 　

$15 - 6 =$ 　

$6 + 9 =$ 　

$11 - 8 =$ 　

$7 + 7 =$ 　

$13 - 7 =$ 　

$4 + 8 =$ 　

$12 - 3 =$

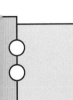 지도가이드

함수기라는 말 대신 '덧셈 기계'와 '뺄셈 기계'라는 용어를 사용합니다. 7을 더하는 덧셈 기계에 9 대신 4를
넣으면 어떤 공이 나올지, 8을 빼는 뺄셈 기계에 13 대신 12를 넣으면 어떤 공이 나올지 등을 추측해 보면서
문제를 다양하게 바꾸어 보는 것도 좋습니다.

 덧셈과 뺄셈을 하세요.

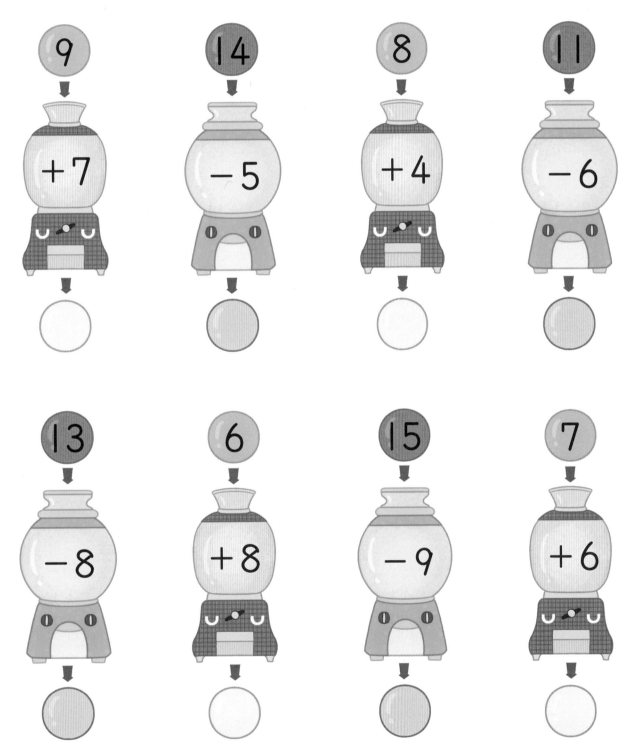

덧셈과 뺄셈을 하세요.

$7 + 6 =$ ☐

$14 - 8 =$ ☐

$9 + 7 =$ ☐

$12 - 5 =$ ☐

$6 + 6 =$ ☐

$11 - 9 =$ ☐

$4 + 9 =$ ☐

$15 - 6 =$ ☐

$3 + 8 =$ ☐

$17 - 8 =$ ☐

더해지는 수와 계산 결과를 보고 수의 중간값을 추측해 봅니다. 아이가 더하는 수나 빼는 수를 바로 알 수 도 있고 아직 어렵게 느낄 수도 있으므로 덧셈식과 뺄셈식을 만들어 보면서 답을 확인하는 시간을 가져 보 세요.

활동 알맞은 덧셈식과 뺄셈식이 되도록 길을 찾아주세요.

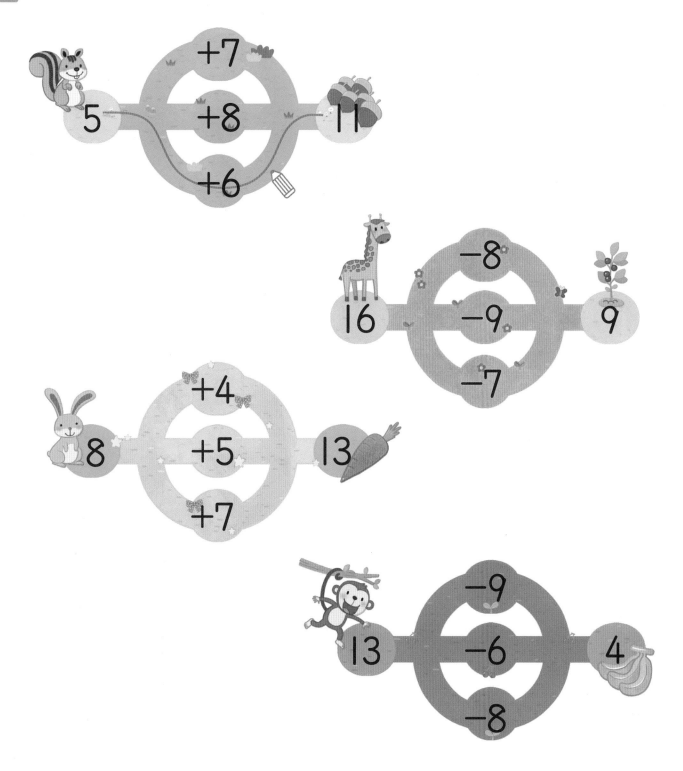

적용 덧셈과 뺄셈을 하세요.

$7+8=$ ☐

$18-9=$ ☐

$9+4=$ ☐

$14-7=$ ☐

$6+5=$ ☐

$15-8=$ ☐

$9+9=$ ☐

$13-5=$ ☐

$5+7=$ ☐

$12-6=$ ☐

그동안 여러 가지 수식 모델을 이용하여 받아올림이 있는 덧셈과 받아내림이 있는 뺄셈을 연습했습니다. 아이가 연산에 익숙해질 때까지 다양하고 충분하게 훈련하는 것이 좋습니다. 덧셈과 뺄셈을 섞어 풀면서 제대로 알고 있는지도 살펴보세요.

 활동 계산 결과가 **8**인 공을 찾아 글러브와 선으로 이어주세요.

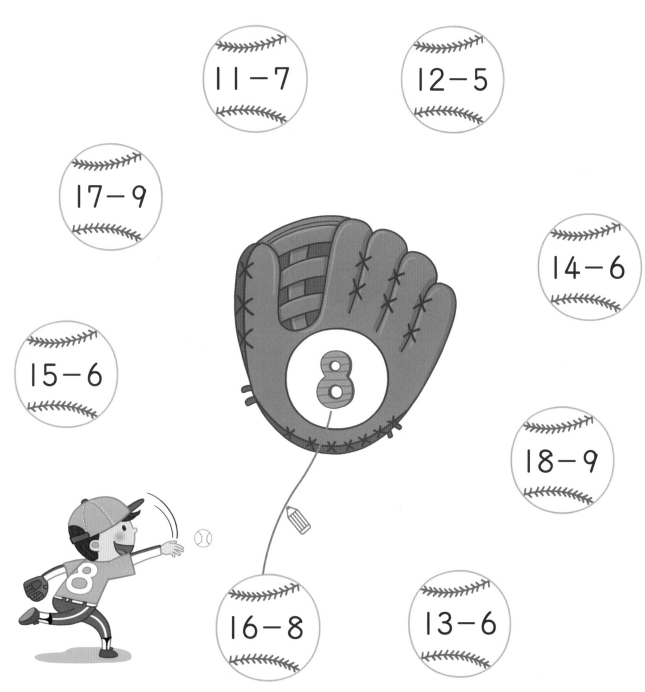

4일

덧셈과 뺄셈 종합
기호 찾기

원리 ＋일까요, －일까요? 상자를 보고 알맞은 기호에 색칠하세요.

8 → $\boxed{\begin{matrix} + \\ - \end{matrix}}$ 2 → 10

12 → $\boxed{\begin{matrix} + \\ - \end{matrix}}$ 4 → 8

18 → $\boxed{\begin{matrix} + \\ - \end{matrix}}$ 9 → 9

7 → $\boxed{\begin{matrix} + \\ - \end{matrix}}$ 7 → 14

6 → $\boxed{\begin{matrix} + \\ - \end{matrix}}$ 9 → 15

9 → $\boxed{\begin{matrix} + \\ - \end{matrix}}$ 4 → 13

3 → $\boxed{\begin{matrix} + \\ - \end{matrix}}$ 8 → 11

11 → $\boxed{\begin{matrix} + \\ - \end{matrix}}$ 5 → 6

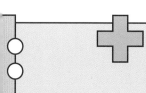
상자의 왼쪽과 오른쪽에 있는 수를 잘 살펴보세요. 오른쪽에 있는 수가 왼쪽에 있는 수보다 커지면 덧셈, 작아지면 뺄셈이라는 것을 깨달았다면 계산하지 않고도 +, − 기호를 쉽게 찾아 쓸 수 있습니다. 이와 같은 방법으로 등호가 있는 식에서도 알맞은 +, − 기호를 찾을 수 있습니다.

 안에 +, −를 알맞게 써넣으세요.

7 ◯ 5 = 12

8 ◯ 8 = 16

15 ◯ 8 = 7

5 ◯ 9 = 14

13 ◯ 5 = 8

12 ◯ 8 = 4

6 ◯ 7 = 13

16 ◯ 9 = 7

17 ◯ 9 = 8

4 ◯ 8 = 12

5일

1학년 연산 미리보기
모양 수 구하기

❶ 그림을 그리고 ➡ ❷ ★을 구하세요.

★에 알맞은 수를 구하세요.

$$6 + ★ = 15$$

잠깐! 수가 커져서 어렵게 느껴질 수 있어요.
더하거나 빼는 상황을 그림으로 표현하면 답을 쉽게
찾을 수 있답니다. 간단한 그림을 그려 보세요.

그림 $6 + ★ = 15$

⬤가 15개가 될 때까지
동그라미를 더 그려 보자!

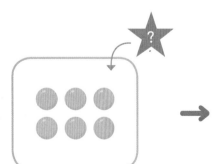 →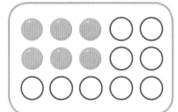

답 ★ = _____

더 그린 동그라미가 몇 개지?

문장제 중에는 모르는 수를 □로 놓고 식을 세워 답을 구해야 하는 문제가 있습니다. 어떤 수를 □로 하여 식을 세우거나 모양 수처럼 식 중간의 모르는 수를 구하는 문제를 연습하면 다양한 문장제를 푸는 데 도움이 됩니다. 차근차근 연습해 보세요.

❶ 그림을 그리고 ➡ ❷ 모양에 알맞은 수를 구하세요.

▲에 알맞은 수를 구하세요.

$$8 + \blacktriangle = 12$$

> 8에서 12가 되려면 얼마나 더 필요해?

그림 ▶

답 ▶ ▲ = _____

◆에 알맞은 수를 구하세요.

$$14 - \blacklozenge = 9$$

> 동그라미 14개를 그리고, 9개 남을 때까지 지워 보자!

그림 ▶

답 ▶ ◆ = _____

몇 개 지웠지?

4권의 학습이 끝났습니다.
기억에 남는 내용을
자유롭게 기록해 보세요.

5권에서
만나요!

한 눈에 보는 정답

25 단계 10보다 큰 덧셈 ❶

1일 8~9쪽

원리 모두 몇 개일까요? 더하는 수를 손가락에 ◯으로 표시하고, 덧셈을 하세요.

$8+4=12$

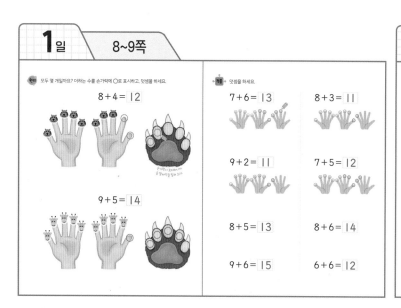

$9+5=14$

적용 덧셈을 하세요.

$7+6=13$	$8+3=11$
$9+2=11$	$7+5=12$
$8+5=13$	$8+6=14$
$9+6=15$	$6+6=12$

2일 10~11쪽

원리 꽃은 모두 몇 송이일까요? 한 송이씩 이어 세고, 덧셈을 하세요.

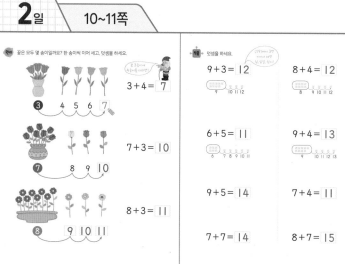

$3+4=7$

$7+3=10$

$8+3=11$

적용 덧셈을 하세요.

$9+3=12$	$8+4=12$
$6+5=11$	$9+4=13$
$9+5=14$	$7+4=11$
$7+7=14$	$8+7=15$

3일 12~13쪽

원리 점핑! 점핑! 수직선에 뛰어 세는 화살표를 그리고, 덧셈을 하세요.

$7+2=9$

$8+4=12$

$6+5=11$

$8+6=14$

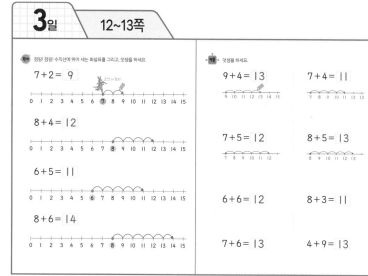

적용 덧셈을 하세요.

$9+4=13$	$7+4=11$
$7+5=12$	$8+5=13$
$6+6=12$	$8+3=11$
$7+6=13$	$4+9=13$

4일 14~15쪽

원리 공은 모두 몇 개일까요? ◯를 더 그리고, 덧셈을 하세요.

$6+6=12$	$5+8=13$
$9+2=11$	$7+7=14$
$8+7=15$	$4+8=12$

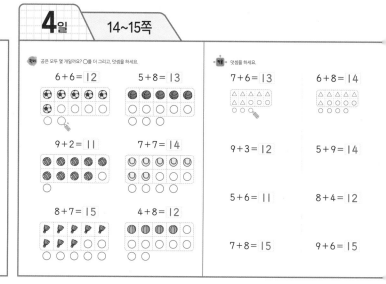

적용 덧셈을 하세요.

$7+6=13$	$6+8=14$
$9+3=12$	$5+9=14$
$5+6=11$	$8+4=12$
$7+8=15$	$9+6=15$

5일 16~17쪽

❶ 식을 세우고 ➡ ❷ 답을 구하세요.

다음 수를 구하세요.

> 6보다 8만큼 더 큰 수

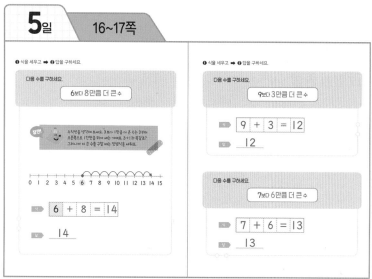

➡ $6+8=14$

➡ 14

❶ 식을 세우고 ➡ ❷ 답을 구하세요.

다음 수를 구하세요.

> 9보다 3만큼 더 큰 수

➡ $9+3=12$

➡ 12

다음 수를 구하세요.

> 7보다 6만큼 더 큰 수

➡ $7+6=13$

➡ 13

1일 20~21쪽

손톱을 빨간색과 파란색으로 나누어 칠하고, 덧셈식을 완성하세요.

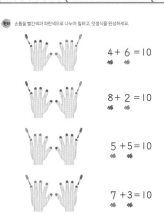

$4 + 6 = 10$

$8 + 2 = 10$

$5 + 5 = 10$

$7 + 3 = 10$

더해서 10을 만들어 보세요.

$9 + 1 = 10$	$6 + 4 = 10$
$2 + 8 = 10$	$1 + 9 = 10$
$3 + 7 = 10$	$2 + 8 = 10$
$7 + 3 = 10$	$4 + 6 = 10$
$5 + 5 = 10$	$9 + 1 = 10$

2일 22~23쪽

합이 10이 되는 두 수를 찾아 ◯로 묶고, 덧셈을 하세요.

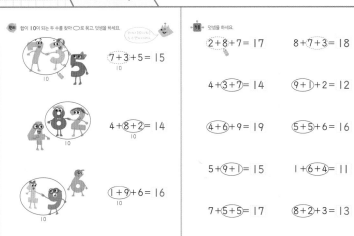

$7+3+5 = 15$

$4 + (8+2) = 14$

$(1+9)+6 = 16$

덧셈을 하세요.

$(2+8)+7 = 17$	$8 + (7+3) = 18$
$4 + (3+7) = 14$	$(9+1)+2 = 12$
$(4+6)+9 = 19$	$(5+5)+6 = 16$
$5 + (9+1) = 15$	$1 + (6+4) = 11$
$7 + (5+5) = 17$	$(8+2)+3 = 13$

3일 24~25쪽

사탕은 모두 몇 개일까요?
왼쪽 상자부터 꽉 차도록 ◯와 ◯를 왼쪽으로 옮겨서 덧셈을 하세요.

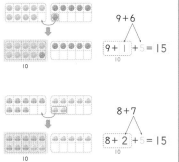

$9 + 6$
$(9 + 1) + 5 = 15$

$8 + 7$
$8 + 2 + 5 = 15$

덧셈을 하세요.

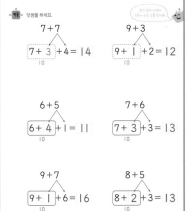

$7 + 7$
$7 + 3 + 4 = 14$

$9 + 3$
$9 + 1 + 2 = 12$

$6 + 5$
$6 + 4 + 1 = 11$

$7 + 6$
$7 + 3 + 3 = 13$

$9 + 7$
$9 + 1 + 6 = 16$

$8 + 5$
$8 + 2 + 3 = 13$

4일 26~27쪽

젤리는 모두 몇 개일까요?
오른쪽 상자부터 꽉 차도록 ◯와 ◯를 오른쪽으로 옮겨서 덧셈을 하세요.

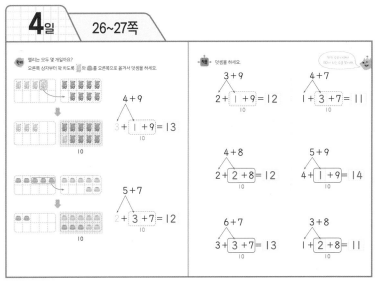

$4 + 9$
$3 + 1 + 9 = 13$

$5 + 7$
$2 + 3 + 7 = 12$

덧셈을 하세요.

$3 + 9$
$2 + 1 + 9 = 12$

$4 + 7$
$1 + 3 + 7 = 11$

$4 + 8$
$2 + 2 + 8 = 12$

$5 + 9$
$4 + 1 + 9 = 14$

$6 + 7$
$3 + 3 + 7 = 13$

$3 + 8$
$1 + 2 + 8 = 11$

5일 28~29쪽

❶ 수의 크기를 비교하고 ➡ ❷ 식을 세우고 ➡ ❸ 답을 구하세요.

가장 큰 수와 가장 작은 수의 합을 구하세요.

4	8	7

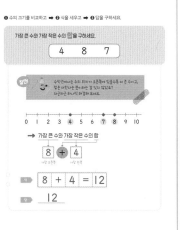

0 1 2 3 4 5 6 7 8 9 10

➡ 가장 큰 수와 가장 작은 수의 합

$8 + 4$

식 $8 + 4 = 12$

답 12

❶ 수의 크기를 비교하여 식을 세우고 ➡ ❷ 답을 구하세요.

가장 큰 수와 가장 작은 수의 합을 구하세요.

7	5	6

식 $7 + 5 = 12$

답 12

가장 큰 수와 가장 작은 수의 합을 구하세요.

6	9	7	8

식 $9 + 6 = 15$

답 15

1일 32~33쪽

원리 오리는 어디에 도착할까요? 수직선에서 10까지 뛴 후 이어서 뛰어 덧셈을 하세요.

$7+5=12$

$8+3=11$

$6+7=13$

$9+5=14$

적용 덧셈을 하세요.

$6+6=12$ $7+4=11$

$5+7=12$ $9+7=16$

$8+5=13$ $6+5=11$

$3+8=11$ $9+9=18$

$7+8=15$ $8+8=16$

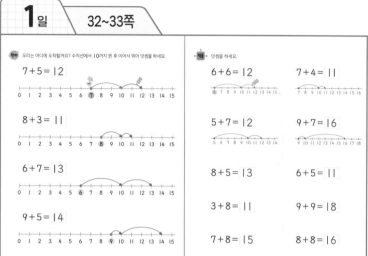

2일 34~35쪽

원리 구슬은 모두 몇 개일까요? 10이 되도록 구슬을 밀어서 덧셈을 하세요.

$8+4=12$

$4+9=13$

$6+5=11$

$7+7=14$

적용 덧셈을 하세요.

$7+6=13$ $5+8=13$

$8+7=15$ $6+9=15$

$9+2=11$ $5+6=11$

$7+5=12$ $8+9=17$

$8+3=11$ $4+7=11$

3일 36~37쪽

원리 블록은 모두 몇 개일까요? 10이 되도록 초록색 블록을 옮겨서 덧셈을 하세요.

$9+3=12$

$8+5=13$

$5+9=14$

$4+7=11$

적용 덧셈을 하세요.

$7+4=11$ $4+8=12$

$8+3=11$ $2+9=11$

$9+4=13$ $5+7=12$

$9+6=15$ $3+9=12$

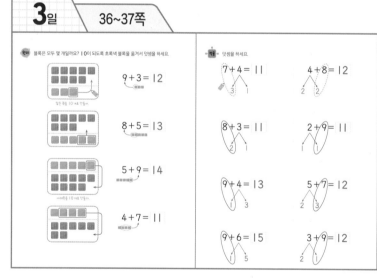

4일 38~39쪽

적용 덧셈을 하세요.

$4+8=12$ $8+7=15$

$9+9=18$ $7+5=12$

$5+8=13$ $6+9=15$

$8+8=16$ $4+7=11$

$5+9=14$ $9+8=17$

활용 합이 13이 되는 덧셈식끼리 선으로 이어 길을 만들어 주세요.

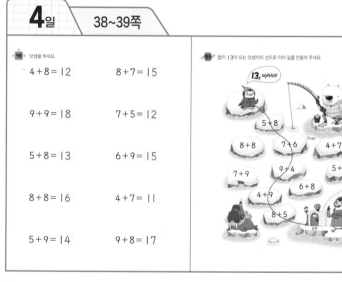

5일 40~41쪽

문제를 읽은 다음 ❶ 덧셈식을 세우고 ➡ ❷ 답을 구하세요.

운동장에 남자 어린이 7명, 여자 어린이 5명이 있습니다.
운동장에 있는 어린이는 모두 몇 명일까요?

남자 ○○○○○○○
여자 ○○○○○
10

식 $7+5=12$

답   운동장에 있는 어린이는 모두 __12__ 명입니다.

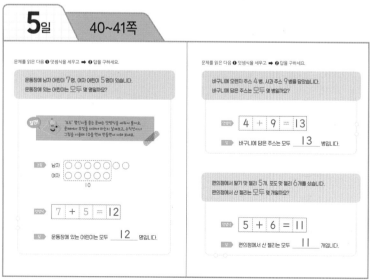

문제를 읽은 다음 ❶ 덧셈식을 세우고 ➡ ❷ 답을 구하세요.

바구니에 오렌지 주스 4병, 사과 주스 9병을 담았습니다.
바구니에 담은 주스는 모두 몇 병일까요?

식 $4+9=13$

답   바구니에 담은 주스는 모두 __13__ 병입니다.

편의점에서 딸기 맛 젤리 5개, 포도 맛 젤리 6개를 샀습니다.
편의점에서 산 젤리는 모두 몇 개일까요?

식 $5+6=11$

답   편의점에서 산 젤리는 모두 __11__ 개입니다.

28 단계 10보다 큰 뺄셈 ①

1일 44~45쪽

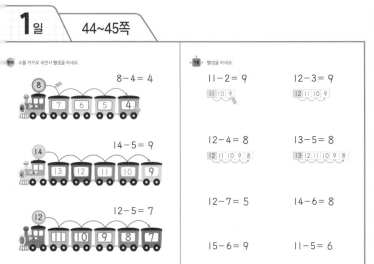

수를 거꾸로 세면서 뺄셈을 하세요.

$8 - 4 = 4$

$14 - 5 = 9$

$12 - 5 = 7$

뺄셈을 하세요.

$11 - 2 = 9$

$12 - 3 = 9$

$12 - 4 = 8$

$13 - 5 = 8$

$12 - 7 = 5$

$14 - 6 = 8$

$15 - 6 = 9$

$11 - 5 = 6$

2일 46~47쪽

토끼가 계단을 내려가고 있어요. 몇 층으로 갈까요?

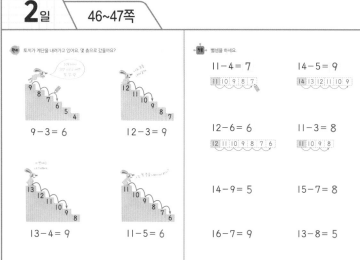

$9 - 3 = 6$

$12 - 3 = 9$

$13 - 4 = 9$

$11 - 5 = 6$

뺄셈을 하세요.

$11 - 4 = 7$

$14 - 5 = 9$

$12 - 6 = 6$

$11 - 3 = 8$

$14 - 9 = 5$

$15 - 7 = 8$

$16 - 7 = 9$

$13 - 8 = 5$

3일 48~49쪽

수직선 위에 뛰어 세는 화살표를 그리고, 뺄셈을 하세요.

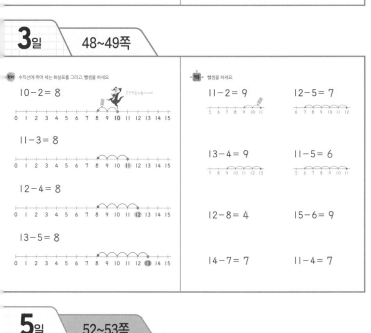

$10 - 2 = 8$

$11 - 3 = 8$

$12 - 4 = 8$

$13 - 5 = 8$

뺄셈을 하세요.

$11 - 2 = 9$

$12 - 5 = 7$

$13 - 4 = 9$

$11 - 5 = 6$

$12 - 8 = 4$

$15 - 6 = 9$

$14 - 7 = 7$

$11 - 4 = 7$

4일 50~51쪽

구슬은 몇 개 남을까요? 빼는 수만큼 /으로 지우고, 뺄셈을 하세요.

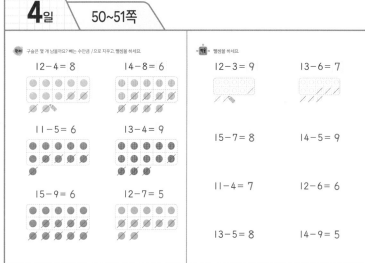

$12 - 4 = 8$

$14 - 8 = 6$

$11 - 5 = 6$

$13 - 4 = 9$

$15 - 9 = 6$

$12 - 7 = 5$

뺄셈을 하세요.

$12 - 3 = 9$

$13 - 6 = 7$

$15 - 7 = 8$

$14 - 5 = 9$

$11 - 4 = 7$

$12 - 6 = 6$

$13 - 5 = 8$

$14 - 9 = 5$

5일 52~53쪽

❶ 식을 세우고 ➡ ❷ 답을 구하세요.

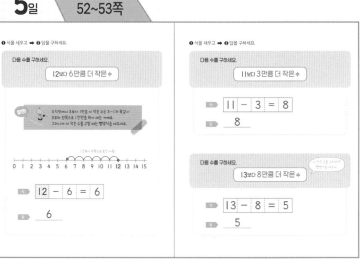

다음 수를 구하세요.

12보다 6만큼 더 작은 수

$12 - 6 = 6$

6

❶ 식을 세우고 ➡ ❷ 답을 구하세요.

다음 수를 구하세요.

11보다 3만큼 더 작은 수

$11 - 3 = 8$

8

다음 수를 구하세요.

13보다 8만큼 더 작은 수

$13 - 8 = 5$

5

1일 56~57쪽

주차장에 자동차가 10대 있어요. 빼는 수만큼 /으로 지우면 몇 대 남을까요?

$$10 - 3 = 7 \qquad 10 - 4 = 6$$

$$10 - 5 = 5 \qquad 10 - 2 = 8$$

뺄셈을 하세요.

$$10 - 9 = 1 \qquad 10 - 8 = 2$$

$$10 - 7 = 3 \qquad 10 - 4 = 6$$

$$10 - 3 = 7 \qquad 10 - 5 = 5$$

$$10 - 6 = 4 \qquad 10 - 2 = 8$$

$$10 - 1 = 9 \qquad 10 - 10 = 0$$

2일 58~59쪽

타조는 어디에 도착할까요? 수직선에 뛰어 세는 화살표를 그리고, 뺄셈을 하세요.

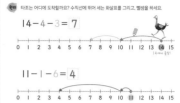

$$14 - 4 - 3 = 7$$

$$11 - 1 - 6 = 4$$

$$12 - 2 - 4 = 6$$

$$13 - 3 - 2 = 8$$

뺄셈을 하세요.

$$15 - 5 - 3 = 7 \qquad 18 - 8 - 1 = 9$$

$$11 - 1 - 5 = 5 \qquad 13 - 3 - 4 = 6$$

$$16 - 6 - 3 = 7 \qquad 12 - 2 - 1 = 9$$

$$14 - 4 - 1 = 9 \qquad 11 - 1 - 3 = 7$$

$$13 - 3 - 6 = 4 \qquad 14 - 4 - 4 = 6$$

3일 60~61쪽

사탕은 몇 개 남을까요? 빼는 수만큼 ○로 표시한 것을 보고 뺄셈을 하세요.

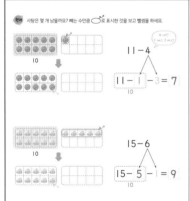

$$11 - 4$$
$$11 - 1 - 3 = 7$$

$$15 - 6$$
$$15 - 5 - 1 = 9$$

뺄셈을 하세요.

$$14 - 6$$
$$14 - 4 - 2 = 8$$

$$13 - 7$$
$$13 - 3 - 4 = 6$$

$$18 - 9$$
$$18 - 8 - 1 = 9$$

$$16 - 7$$
$$16 - 6 - 1 = 9$$

$$12 - 4$$
$$12 - 2 - 2 = 8$$

$$11 - 6$$
$$11 - 1 - 5 = 5$$

4일 62~63쪽

연결 모형은 몇 개 남을까요? 빼는 수만큼 ☐로 표시하고, 뺄셈을 하세요.

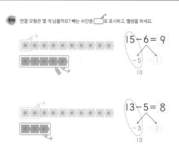

$$15 - 6 = 9$$

$$13 - 5 = 8$$

$$14 - 9 = 5$$

뺄셈을 하세요.

$$15 - 9 = 6$$

$$16 - 8 = 8$$

$$13 - 9 = 4$$

$$12 - 7 = 5$$

$$14 - 6 = 8$$

$$17 - 8 = 9$$

$$11 - 2 = 9$$

$$14 - 7 = 7$$

5일 64~65쪽

❶ 수의 크기를 비교하고 ➡ ❷ 식을 세우고 ➡ ❸ 답을 구하세요.

가장 큰 수와 가장 작은 수의 차를 구하세요.

| 13 | 7 | 11 |

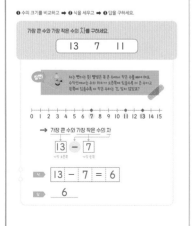

➡ 가장 큰 수와 가장 작은 수의 차

$$13 - 7$$

$$13 - 7 = 6$$

답 6

❶ 수의 크기를 비교하여 식을 세우고 ➡ ❸ 답을 구하세요.

가장 큰 수와 가장 작은 수의 차를 구하세요.

| 6 | 8 | 14 |

식 $$14 - 6 = 8$$

답 8

가장 큰 수와 가장 작은 수의 차를 구하세요.

| 9 | 12 | 8 | 15 |

식 $$15 - 8 = 7$$

답 7

1일 68~69쪽

동전을 보고 ◯ 안에 알맞은 수를 쓰세요.

15 = 10 + 5

11 = 10 + 1

12 = 10 + 2

16 = 10 + 6

13 = 10 + 3

14 = 10 + 4

◯ 안에 알맞은 수를 쓰세요.

12 = 10 + 2   19 = 10 + 9

15 = 10 + 5   17 = 10 + 7

14 = 10 + 4   11 = 10 + 1

17 = 10 + 7   18 = 10 + 8

16 = 10 + 6   13 = 10 + 3

2일 70~71쪽

젤리는 몇 개 남을까요? 빼는 수만큼 ◯으로 표시한 것을 보고 뺄셈을 하세요.

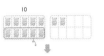

14 − 6
10 − 6 + 4 = 8
4

12 − 5
10 − 5 + 2 = 7
5

뺄셈을 하세요

13 − 5
10 − 5 + 3 = 8
5

14 − 7
10 − 7 + 4 = 7
3

12 − 6
10 − 6 + 2 = 6
4

16 − 8
10 − 8 + 6 = 8
2

11 − 7
10 − 7 + 1 = 4
3

15 − 6
10 − 6 + 5 = 9
4

3일 72~73쪽

블록은 몇 개 남을까요? 빼는 수만큼 /으로 지우고, 뺄셈을 하세요.

13 − 7 = 6
10 + 3

12 − 5 = 7
10 + 2

11 − 9 = 2
10 + 1

14 − 6 = 8
10 + 4

뺄셈을 하세요.

12 − 7 = 5
10 + 2

15 − 6 = 9
10 + 5

11 − 3 = 8
10 + 1

13 − 4 = 9
10 + 3

14 − 8 = 6
10 + 4

16 − 9 = 7
10 + 6

16 − 8 = 8
10 + 6

11 − 4 = 7
10 + 1

4일 74~75쪽

뺄셈을 하세요.

11 − 3 = 8   15 − 9 = 6

12 − 9 = 3   13 − 8 = 5

17 − 8 = 9   11 − 9 = 2

14 − 6 = 8   12 − 5 = 7

13 − 6 = 7   11 − 7 = 4

뺄셈을 하고, 그 결과만큼 사자의 갈기를 색칠하세요.

11 − 4
15 − 7
14 − 9
12 − 6

5일 76~77쪽

문제를 읽은 다음 ❶ 뺄셈식을 세우고 ➡ ❷ 답을 구하세요.

만두를 11개 쪄서 그중에 5개를 먹었습니다.
남은 만두는 몇 개일까요?

11 − 5 = 6

남은 만두는 __6__ 개입니다.

문제를 읽은 다음 ❶ 뺄셈식을 세우고 ➡ ❷ 답을 구하세요.

주차장에 자동차가 16대 있었는데 8대가 나갔어요.
주차장에 남은 자동차는 몇 대일까요?

16 − 8 = 8

주차장에 남은 자동차는 __8__ 대입니다.

문구점에 공책이 14권 있었는데 9권이 팔렸어요.
문구점에 남은 공책은 몇 권일까요?

14 − 9 = 5

문구점에 남은 공책은 __5__ 권입니다.

31 단계 덧셈과 뺄셈의 성질

1일 80~81쪽

원리 두 수를 바꾸어 더해 보세요.

$3+8=11$ → $8+3=11$

$7+6=13$ → $6+7=13$

$9+8=17$ → $8+9=17$

적용 덧셈을 하세요.

$4+9=13$ ⟺ $9+4=13$

$5+6=11$ ⟺ $6+5=11$

$8+7=15$ ⟺ $7+8=15$

$9+5=14$ ⟺ $5+9=14$

$7+9=16$ ⟺ $9+7=16$

2일 82~83쪽

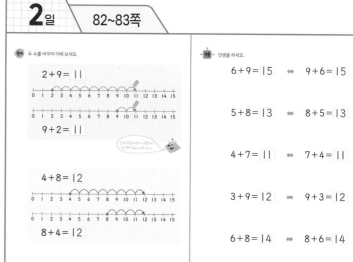

원리 두 수를 바꾸어 더해 보세요.

$2+9=11$

$9+2=11$

$4+8=12$

$8+4=12$

적용 덧셈을 하세요.

$6+9=15$ ⟺ $9+6=15$

$5+8=13$ ⟺ $8+5=13$

$4+7=11$ ⟺ $7+4=11$

$3+9=12$ ⟺ $9+3=12$

$6+8=14$ ⟺ $8+6=14$

3일 84~85쪽

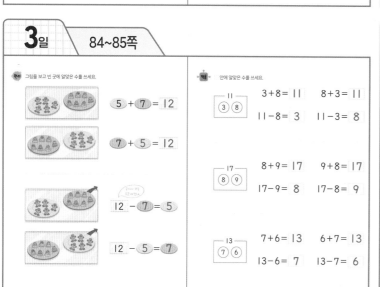

원리 그림을 보고 빈 곳에 알맞은 수를 쓰세요.

$5+7=12$

$7+5=12$

$12-7=5$

$12-5=7$

적용 안에 알맞은 수를 쓰세요.

| 11 |
| 3 8 |

$3+8=11$　　$8+3=11$

$11-8=3$　　$11-3=8$

| 17 |
| 8 9 |

$8+9=17$　　$9+8=17$

$17-9=8$　　$17-8=9$

| 13 |
| 7 6 |

$7+6=13$　　$6+7=13$

$13-6=7$　　$13-7=6$

4일 86~87쪽

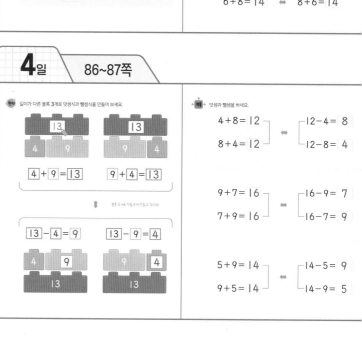

원리 길이가 다른 블록 3개로 덧셈식과 뺄셈식을 만들어 보세요.

$4+9=13$　　$9+4=13$

$13-4=9$　　$13-9=4$

적용 덧셈과 뺄셈을 하세요.

$4+8=12$
$8+4=12$ ⟺ $12-4=8$ / $12-8=4$

$9+7=16$
$7+9=16$ ⟺ $16-9=7$ / $16-7=9$

$5+9=14$
$9+5=14$ ⟺ $14-5=9$ / $14-9=5$

5일 88~89쪽

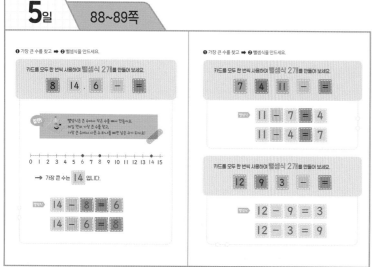

❶ 가장 큰 수를 찾고 ❷ 뺄셈식을 만드세요.

카드를 모두 한 번씩 사용하여 뺄셈식 2개를 만들어 보세요.

| 8 | 14 | 6 | − | = |

발견 뺄셈식은 큰 수에서 작은 수를 빼서 만들어요. 제일 먼저 가장 큰 수를 찾고, 가장 큰 수에서 다른 수 하나를 빼면 남은 수가 되지요!

→ 가장 큰 수는 14 입니다.

$14 - 8 = 6$

$14 - 6 = 8$

❶ 가장 큰 수를 찾고 ❷ 뺄셈식을 만드세요.

카드를 모두 한 번씩 사용하여 뺄셈식 2개를 만들어 보세요.

| 7 | 4 | 11 | − | = |

$11 - 7 = 4$

$11 - 4 = 7$

카드를 모두 한 번씩 사용하여 뺄셈식 2개를 만들어 보세요.

| 12 | 9 | 3 | − | = |

$12 - 9 = 3$

$12 - 3 = 9$

32 단계 덧셈과 뺄셈 종합

1일 92~93쪽

덧셈과 뺄셈을 하세요.

$8+5=13$ $17-9=8$

$5+7=12$ $15-6=9$

$6+9=15$ $11-8=3$

$7+7=14$ $13-7=6$

$4+8=12$ $12-3=9$

덧셈과 뺄셈을 하세요.

2일 94~95쪽

덧셈과 뺄셈을 하세요.

$7+6=13$ $14-8=6$

$9+7=16$ $12-5=7$

$6+6=12$ $11-9=2$

$4+9=13$ $15-6=9$

$3+8=11$ $17-8=9$

알맞은 덧셈식과 뺄셈식이 되도록 길을 찾아주세요.

3일 96~97쪽

덧셈과 뺄셈을 하세요.

$7+8=15$ $18-9=9$

$9+4=13$ $14-7=7$

$6+5=11$ $15-8=7$

$9+9=18$ $13-5=8$

$5+7=12$ $12-6=6$

계산 결과가 8인 공을 찾아 글러브와 선으로 이어주세요.

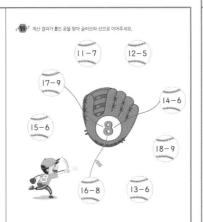

4일 98~99쪽

+일까요, -일까요? 상자를 보고 알맞은 기호에 색칠하세요.

$8 \to \boxed{+\,-} \to 2 \to 10$ $12 \to \boxed{+\,-} \to 4 \to 8$

$18 \to \boxed{+\,-} \to 9 \to 9$ $7 \to \boxed{+\,-} \to 7 \to 14$

$6 \to \boxed{+\,-} \to 9 \to 15$ $9 \to \boxed{+\,-} \to 4 \to 13$

$3 \to \boxed{+\,-} \to 8 \to 11$ $11 \to \boxed{+\,-} \to 5 \to 6$

안에 +, -를 알맞게 써넣으세요.

$7 + 5 = 12$ $8 + 8 = 16$

$15 - 8 = 7$ $5 + 9 = 14$

$13 - 5 = 8$ $12 - 8 = 4$

$6 + 7 = 13$ $16 - 9 = 7$

$17 - 9 = 8$ $4 + 8 = 12$

5일 100~101쪽

❶ 그림을 그리고 ➡ ❷ ★을 구하세요.

★에 알맞은 수를 구하세요.

$6 + ★ = 15$

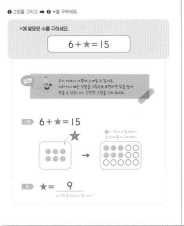

6+★=15

★ = 9

❶ 그림을 그리고 ➡ ❷ 모양에 알맞은 수를 구하세요.

▲에 알맞은 수를 구하세요.

$8 + ▲ = 12$

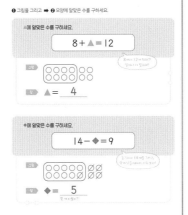

▲ = 4

◆에 알맞은 수를 구하세요.

$14 - ◆ = 9$

◆ = 5

기적학습연구소

"혼자서 작은 산을 넘는 아이가 나중에 큰 산도 넘습니다"

본 연구소는 아이들이 스스로 큰 산까지 넘을 수 있는 힘을 키워 주고자 합니다.
아이들의 연령에 맞게 학습의 산을 작게 설계하여 혼자서 넘을 수 있다는 자신감을 심어 주고,
때로는 작은 고난도 경험하게 하여 가슴 벅찬 성취감을 느끼게 합니다.
국어, 수학, 유아 분과의 학습 전문가들이 아이들에게 실제로 적용해서 검증하며 차근차근 책을 출간합니다.

아이가 주인공인 기적학습연구소의 대표 저작물
-수학과 : 〈기적의 계산법〉, 〈기적의 계산법 응용UP〉, 〈툭 치면 바로 나오는 기적특강 구구단〉, 〈딱 보면 바로 아는 기적특강 시계보기〉외 다수
-국어과 : 〈30일 완성 한글 총정리〉, 〈기적의 독해력〉, 〈기적의 독서 논술〉, 〈맞춤법 절대 안 틀리는 기적특강 받아쓰기〉외 다수

기적의 계산법 예비초등 4권

초판 발행 · 2023년 11월 15일
초판 4쇄 발행 · 2024년 10월 8일

지은이 · 기적학습연구소
발행인 · 이종원
발행처 · 길벗스쿨
출판사 등록일 · 2006년 7월 1일
주소 · 서울시 마포구 월드컵로 10길 56 (서교동) | **대표 전화** · 02)332-0931 | **팩스** · 02)333-5409
홈페이지 · school.gilbut.co.kr | **이메일** · gilbut@gilbut.co.kr

기획 · 김미숙(winnerms@gilbut.co.kr) | **편집진행** · 이선진, 이선정
영업마케팅 · 문세연, 박선경, 박다슬 | **웹마케팅** · 박달님, 이재윤, 이지수, 나혜연
제작 · 이준호, 손일순, 이진혁 | **영업관리** · 김명자, 정경화 | **독자지원** · 윤정아
디자인 · 더다츠 | **삽화** · 김잼, 류은형, 전진희
전산편집 · 글사랑 | **CTP출력 · 인쇄** · 교보피앤비 | **제본** · 신정문화사

▶잘못 만든 책은 구입한 서점에서 바꿔 드립니다.
▶이 책은 저작권법에 따라 보호받는 저작물이므로 무단전재와 무단복제를 금합니다.
  이 책의 전부 또는 일부를 이용하려면 반드시 사전에 저작권자와 길벗스쿨의 서면 동의를 받아야 합니다.

ISBN   979-11-6406-596-7 64410
(길벗 도서번호 10880)

정가 9,000원

독자의 1초를 아껴주는 정성 **길벗출판사**

길벗스쿨 | 국어학습서, 수학학습서, 유아콘텐츠유닛, 주니어어학, 어린이교양, 교과서, 길벗스쿨콘텐츠유닛

길벗 | IT실용서, IT/일반 수험서, IT전문서, 경제실용서, 취미실용서, 건강실용서, 자녀교육서

더퀘스트 | 인문교양서, 비즈니스서